努力就是旺季
不努力就是淡季

管坤

著

台海出版社

图书在版编目(CIP)数据

努力就是旺季,不努力就是淡季 / 管坤著. — 北京：
台海出版社, 2017.9

ISBN 978-7-5168-1562-5

Ⅰ.①努… Ⅱ.①管… Ⅲ.①成功心理-通俗读物
Ⅳ.①B848.4-49

中国版本图书馆 CIP 数据核字 (2017) 第 218883 号

努力就是旺季,不努力就是淡季

著　　者	:管　坤		
责任编辑	:俞滟荣　曹文静		
装帧设计	:芒　果	版式设计	:通联图文
责任校对	:王　杰	责任印制	:蔡　旭

出版发行:台海出版社
地　　址:北京市东城区景山东街 20 号　　邮政编码：100009
电　　话:010-64041652(发行,邮购)
传　　真:010-84045799(总编室)
网　　址:www.taimeng.org.cn/thcbs/default.htm
E - mail:thcbs@126.com
经　　销:全国各地新华书店
印　　刷:北京鑫瑞兴印刷有限公司
本书如有破损、缺页、装订错误,请与本社联系调换

开　　本	:880mm×1230 mm	1/32	
字　　数	:180 千字	印　张	:8.5
版　　次	:2017 年 10 月第 1 版	印　次	:2017 年 10 月第 1 次印刷
书　　号	:ISBN 978-7-5168-1562-5		
定　　价	:38.00 元		

前　言

PREFACE

1

在一个励志风潮盛行的时代，我们从来不缺励志人物和励志故事。

在被励志故事感动的时候，我们也从来不缺热泪盈眶与激情澎湃。

在看过了千篇一律的"鸡汤"之后，我们或许依然感觉迷茫和不知所措。

在见过了那么多残酷和不美好之后，作为一个普通人，我们还有理由去选择努力吗？

想一想，我们究竟为什么要努力？

2

你一定听说过市场里"淡季"和"旺季"的说法。

很多产品的销售，在淡季一落千丈，并不是因为产品真的销售不出去了，而是销售淡季的思想在作祟。

就像很多人的人生感觉到"无路可走"，并不是真的无路可走，而是不努力，看不到面前的路。

如果不能正确看待努力，那么，就像不能正确看待市场一样，一旦在旺季的时候，斗志满满，意气风发，在淡季的时候，却走向了麻木，走向了绝望……

其实，努力应该是每个人必然要经历的过程，但是，正确看待努力，对我们来说，更加重要。

努力，是我们选择的一种生活方式，是一种向上的生活态度。不是等价交换，而是我们的人生态度。

3

随着时代的发展，人们变得越来越功利，那些付出努力，想追求成功的人更是数不胜数。虽然追求成功的努力，无可厚非，但，欲速则不达，太过执着于结果往往会产生不好的效果。当努力没有结果，或者结果不尽如人意时，往往会让人产生负面消极的情绪。

努力，只是一种生活态度，是我们选择的一种生活方式，与我们所处的境遇，所有的成就没有任何关系。无论我们是贫穷还是富有，也无论是年长还是年幼，我们都应该努力。

我们的人生是美好的，又是短暂的。有的人生寂寞，有的人生多彩，不同的人有着不同的人生追求；人生是一条单行道，每个人的所有时光都要用来前行。

所以，你要相信你会幸福，你要保持着一颗努力的心。

人生的高度一个又一个，你不用急着第一个到达，也不要为别人早到一步纠结郁闷，更不要因为别人超越你抓狂绝望。这个世界上不是所有人都比你强，也不是所有人都比你弱，你需要的仅仅是一份心安和平静。

4

世界上的绝大部分人，都如你我这般普通，每个人的经历或许不同，年轻时的迷茫与困惑，不安与躁动，却真的都一样。在不可知的未来面前，我们一样犹疑彷徨，但不管将来会有多少艰难险阻，我们都不会放弃那条让自己变得更好的路，不会放弃那和梦想死磕到底的努力。

愿这本书里的故事，能够让我们更清晰地明白自己想要成为什么样的人，看清当梦想照进现实的时候，到底该如何去选择？努力了，就是人生的旺季；不努力，就是人生的淡季——我们享受的，是努力的过程和拼搏的精力，而并非完全是结果。

未来的路，很长很远，请让我们一起走吧！

目　录

CONTENTS

第六章　你的工作努力吗？你的工作快乐吗？

> 无论你做的是什么，哪怕是收废品，也能成为亿万富翁。所以，不要抱怨你从事的工作或者是岗位不好，尽快用你的时间把你现在的工作做到专业和极致！

第七章　生活怎么会容易呢？容易的是人心

> 生活并不容易，可能每个人都会经历淡季，但是你要学着从低落中走出来；旺季也许难得，但是，保持旺季的心态很容易。

第一章

我从来不信这世间会无路可走

很多产品的销售，在淡季一落千丈，并不是因为产品真的销售不出去了,而是销售淡季的思想在作祟。就像，很多人的人生感觉到"无路可走"，并不是真的无路，而是没有清晰的目标，无法激发出自己的能量。

1.如果想取得更多的业绩，就给自己定个目标

无论是在生活中还是在工作中，你都应该清楚自己的目的和目标。这话听起来非常简单，但是，在实际的生活和工作中，你要做到却不容易，有时我们必须学会寻找我们人生的航向。

利兹·克林顿在全球最大的银行之一国民威斯敏斯特银行的员工培训部工作。她于一年前加入了一个由大约40名训练者组成的工作小组。该小组的目的是为了给经理人和管理者提供一个更全面的培训服务。然而，因为参与培训的人员数量不足，课程计划被取消，这个小组的工作处于停顿状态。她经常对经理抱怨道："我觉得我们正在浪费时间，我不知道我们的目标是什么。我感觉好像我们失去了方向，就像是在黑暗中工作。"她的经理回答道："我也有这样的感觉。上个月，我们进行信息技术方面的培训。这个月，我们被要求进行客户服务培训。但是，没有人给我们整体培训策略的指导和要求。"

第一章
我从来不信这世间会无路可走

利兹·克林顿若有所思地离开了。那天晚上，她告诉她的丈夫："亲爱的，我现在不能确信我是否适合眼前的这份工作。"她决定寻找另一份工作，换一下工作环境。后来，她在一家百货店做售货员。有一天，她在街上遇到她的前任经理，她说："虽然现在的工作收入比原来少，但是，我现在有工作目标。"她的前任经理回答："利兹，你很幸运，国民威斯敏斯特银行的员工培训部，现在仍然是一片混乱。"

如果你没有明确的目标，你就很难有效地采取行动。社会上的许多组织和工作小组不能明确它们的核心任务，团队缺乏凝聚力，工作涣散，自然做不出成绩。一旦你认清了哪些是需要改善的地方，你就应该开始改变，明确自己的目标。

有一项著名的调查，是关于目标对人生影响的。调查对象是一群智力、学历、环境等条件相差不大的年轻人，调查结果显示：27%的人没有目标，60%的人目标模糊，10%的人有清晰但比较短期的目标，3%的人有清晰且长期的目标。

25年跟踪研究的结果显示，他们的生活状况及分布现象让人觉得十分有意思。

那些占3%的人，25年来几乎从来没有更改过自己的人生目标。25年来，这些人为了实现自己的目标一直不懈地努力着；25年后，他们几乎都成了社会各界的顶尖成功人士，他们中有不少人是白手起家的行业领袖和社会精英。

　　那些占10%有清晰短期目标的年轻人，大部分生活在社会的中上层。他们具备共同的特点，那就是他们不断实现他们的短期目标，他们的生活状态稳步上升，成为各行各业的不可或缺的专业人士，如：律师、医生、工程师、高级主管等。

　　而占60%的没有明确目标的人，几乎都生活在社会的中下层，他们能安稳地生活、工作，但都没有什么特别突出的成绩。

　　剩下的27%的人是那些长期以来没有目标的人群，他们大多生活很不如意。他们经常抱怨他人，抱怨社会，抱怨世界不公平。

　　看了上面的调查，大家应该看到一个明确的目标对一个人的一生有多么重要的影响。想要有明确的目标，下面谈到的三个方面就需要注意：

　　（1）把模糊的梦想变成清晰的目标。

　　是什么因素使很多人追求成功却无法成功？绝大部分的人会认为是他们的目标不明确。要想管理好自己的时间，要想有力地控制自己的人生轨迹，就要明确具体地制定自己的目标，不要让自己的目标停留在模糊的梦想状态。

　　（2）用自己的特长选定目标。

　　明确自己的奋斗目标，首先目标要可行，可以通过自己坚持不懈的努力能够实现。每个人有每个人的实际情况，大家都有自己的特长、优势，也有自己的弱项；有自己向往的生活方式，也有自己的实际困难。因此，选定自己的奋斗目标时，应保证不要与自己的实际情况脱节，要根据自己的实际情况、根据自己的特长设定目标。

（3）设定的目标要有连贯性。

一个人不但要有明确的目标，而且要把长远的目标分成阶段性的目标，使自己在奋斗过程中看到希望所在，能够保持热情，保持自信，持之以恒地向前走，更快更好地实现目标，而不会因为距离目标太遥远，看不到成功的希望而心灵疲惫，甚至放弃。

如果你想尽力提高学习和工作的效率，取得更多的业绩，就给自己定一个目标吧。完美可能很难达到，但是，优秀对你来说却不是什么困难的事情。

2. 用一生干好一件事

许多年轻人总对自己的生活感到不满，时常觉得很烦躁。他们对于人生的目标举棋不定，不知道你是否有过诸如此类的困惑。

有位进入职场不久的年轻人这样说：

"我是个很有理想并且愿意为此努力的人，从小我就有很多目标，自从我大学毕业以后，我就开始经营我的理想和事业，可到现在我付出了许多，学到了很多本领，却一事无成。比如，我在大学主修会计专业，因为我觉得那更实用；后来我发现心理学在今后一定有很大的发展空间，我马上去选修心理学。工作后，我想踏实干好工作以证明自己，但因压力大觉得不安稳，所以又去进修与我工作相关的计算机编程，我想我很快就会成为一名高手。目前，编程课程让我很疲惫，但是我想到未来一定会有用，所以狠心放弃我正在学的东西。我所学的课程进度都很慢，我很烦恼，为什么我这么努力却看不到成就呢？"

这位年轻人为自己选定了太多的目标，却没有坚持，不断变换和动摇。这就像在过一个陌生的十字路口，只要你选准一条路径直往前走，每一条路都可以通往目的地。可如果总是怀疑自己的方向不对，一次又一次地退回来选其他的路，那么不管你以什么样的速度走，都总在原点附近徘徊，永远走不到你的目的地。你付出得越多你就会越觉得疲劳和辛苦。

刚到公司上班时，约翰很勤奋，很快就掌握了工作的窍门，做起事来得心应手，每天大约只用一半的时间就能完成老板交代的工作。空闲的时间一多起来，他便想起自己学生时代曾写了一半的长篇小说——一直以来，当个小说家也是他的梦想之一，于是在空闲的时间里他便继续他的文学创作。

有一天，老板意外发现了他的秘密，约翰感到很不安，但老板并没有因此批评他，而是与他进行了一次开诚布公的交谈。

老板很温和地问他："我看过你的小说，写得还不错呀！但是，我希望你能和我说说，对人生，你有什么样的规划？"

这个问题早在五年前他就想得很明白。所以他信手拈来，告诉了老板他的很多梦想，比如，当一名作家，一名设计师，一名企业的高级管理者，一名出色的服装设计师……

老板很认真地听他说完，并没有对此有任何评价。只是问约翰是否听到过这样的故事：

"在森林里，三只猎狗追赶一只土拨鼠。情急之下，土拨鼠钻进了一个树洞里。这个树洞只有一个出口。三只猎狗就死守在树下。过了一会儿，一只兔子钻出树洞，飞快地跑，跑着跑着就爬到一棵大树上。兔子很得意，在树上嘲笑下面的三只猎狗，结果它得意忘形，一不小心从树上掉了下来，砸晕了正仰头看它的三只猎狗。兔子趁机逃掉了。嗯，想一想，这个故事有什么问题吗？"

约翰觉得很有趣，认真地想过后："第一，兔子不会爬树；第二，一只兔子不可能同时砸晕三只猎狗。"

老板笑着说："分析得不错，可是，最重要的问题——土拨鼠哪儿去了？"

约翰恍然大悟，"是呀！怎么把它给忘记了？"

老板笑着说："这只土拨鼠就好像是你最初为自己设定的人生目标。显然，这个目标被你忽视了。想必你已经忘记了，当初刚进公司的时候，你曾信心百倍地说过一句话——'我要做一名出色的广告人'，正是这句话打动了我，我才让你到我的公司里来的。你想起来了吗？"

约翰这才明白老板的用意。这时老板又补充说："我相信你是广告策划方面难得的人才。我只是想提醒你，人的精力有限，要想做到面面俱到，是不太现实的。好好做你的广告策划，你会前途无量的。至于写小说，搞设计，最好当成业余爱好。要记住，人生的目标不能太多，人这一辈子若能把一件事做得出色，就已经是很大的成功了。"

此后，约翰便时常用这话来鞭策自己。两年后，他已经做到了广告策划总监。

一般情况下，人们会在生活中迷失都是因为要的和想的太多，而又一时无法达成。这种想法使很多人不能将精力专注于一项事业，他们总是目标多多，精力分散，总是做着这件事，又想着那件事，最后什么也做不好，还错过了许多近在咫尺的成功机会。所以他们永远也快乐不起来，因为他们永远都不能达成自己的理想。

但凡成功人士，都能专注于一个目标。伊斯特曼致力于生产柯达胶卷，这为他赚进了数不清的金钱，也为全球数百万人带来了不可言喻的乐趣。

法国马赛一位名叫多梅尔的警官，为了缉捕一名罪犯，查阅了十几米高的文件档案，打了30多万次电话，足迹踏遍四大洲，行程达到80多万公里。

经过52年的漫长追捕，多梅尔终于将罪犯捉拿归案。此时多梅尔已经是73岁高龄。有记者问他这样做值得吗？他回答："一个人一生只要干好一件事，这辈子就没白过。"

当初，多梅尔接过这个案子时，也许他并没有想到这会成为自己矢志不渝、奋斗终生的目标。他只是把它当作一个普通案件，履行一个警官应该履行的职责。然而随着案情的一步步深入，作为一名执法者，高度责任感和使命感令他再也不能淡然处之了。因为他觉得一个小姑娘无辜惨死的眼睛还没有合上，他时时刻刻都在被那双眼睛注视着。

从那时候起，多梅尔把缉捕罪犯作为了自己的终生之志。

一任风霜雨雪，途程万里；一任寒暑过往，四时变易。18000多个日夜从身边流去了，意气风发的昂扬少年变成了垂垂老矣的衰翁，但他仍然在执着地干着一件事。跬步之积而至千里，滴水之聚终成江河，经过52年的漫长追捕，多梅尔终于有了收获。

当他把手铐铐在那名同样年老的罪犯手上时，竟然兴奋得像个孩子："受害者可以瞑目了，我也可以退休了。"

的确，人的一生太短暂了，如果一个人一辈子能真正干好一件事就不错了。每天都花一点点时间问一下自己的内心真正想要的是什么？什么才是你最快乐最满足的理想，慢慢地，你会发现，那些遥远的不切实际的梦想和杂念都是你追逐美好生活的累赘，而那些离你最贴近的事物才是你的快乐所在。把精力集中在这些最让你快乐的事情上，别再胡思乱想偏离正确的人生轨道。只要我们一次只专心地做一件事，全身心地投入，就一定会收获更多的成果和快乐。

3.你的能量，超乎你的想象

有学者这样说：

"编撰20世纪历史时可以这样写：我们最大的悲剧不是恐怖的地震，不是连年战争，甚至不是原子弹投向日本广岛，而是千千万万的人生活着然后死去，却从未意识到存在于他们身上的巨大潜能。"

安东尼·罗宾本来是一名贫穷潦倒的小伙子，26岁时仍然住在仅有10平方米的单身公寓里，生活一团糟，人际关系恶劣，前途十分黯淡。然而，自从他发现内心蕴藏着无限的潜能之后，生活便开始大为改观，成为一名充满自信的成功者。如今，他是一位白手起家、事业成功的亿万富翁，也是当今最成功的世界级激发心灵潜能专家、成功的创业家及卓越的咨商顾问，他协助职业球队、企业总裁、国家元首激发潜能，渡过各种困境及低潮。他的著作在全世界已有十数种译本，受益的人不计其数。

努力就是旺季
不努力就是淡季

其实每个人的潜能是无穷的，但是需要你去开发，去利用。不管是工作学习，不管是要克服本领恐慌还是战胜本领恐慌，都是要开发你的潜能。潜能开发了，本领强大了，自然也就不恐慌了。

有一个"西红柿"的故事。

在1985年日本筑波国际科技博览会上，一粒极普通的西红柿种子，它长成后，一片叶子就可以伸展到14平方米那么大！我们可以想象得到吗？14平方米，一片叶子就有这么大，那么它的体积是可想而知的，可以想想它结出的果实有多少？可能有人猜测是100个？300个？800个？3000个？5000个？……都不是！你可能完全想象不到，果实的数量竟然有13000多个！

用一般方法种西红柿，勤勤恳恳，精心照顾，一粒西红柿的种子结上几十个果实，就足以说明这棵西红柿很了不起了。可是这棵不平常的西红柿竟然能结13000多个果实！

当然种植者没有使用什么魔法，仅仅是采用了一种"水耕法"而已。

如果有人说用"水耕法"培育后的西红柿能结13000个果实，听了的人肯定说这是天方夜谭。

可这是千真万确的事实！

其实，我们每一个人就像一棵发育极不充分的西红柿，都有结一万多个果实的潜能，但是却只开发出了结几个、十几个、几十个果实的能力。

这是我们每一个人的悲剧！我们每一个人都拥有方方面面、形形色色的巨大潜能，但是每个人都不知道去开发、利用，让它永远处在沉睡状态。

所以，著名心理学家詹姆斯说："我们只不过清醒了一半。我们只运用了身体和精神上的一小部分资源，未开发的地方很多很多，我们有许多能力都被习惯性地糟蹋掉了。"

其实我们每个人都能像那棵经过水耕法培育后的西红柿，都能结出一万多个绚丽饱满的果实！

没有发现自己潜能的人都是还没有清晰地认识自我，"认识你自己"是镌刻在古希腊德尔菲神庙里唯一的碑铭，犹如一把千年不熄的火炬，表达了人类与生俱来的内在要求和至高无上的思考命题。尼采曾说："聪明的人只要能认识自己，便什么也不会失去。"而我们每个人都有无穷无尽的潜能，每个人都有自己独特的个性和长处，每个人都可以选择自己的目标，并通过不懈的努力去争取属于自己的成功。

认识自我，是我们每个人自信的基础与依据。即使你所处的环境不好，遇事总是不顺心，但只要你获取自信的巨大潜能和独特个性及优势依然存在，你就可以坚信：我能行，我能成功。

一个人在自己的生活经历中，在自己所处的社会境遇中，能否真正认识自我、肯定自我，如何塑造自我形象，如何把握自我发展，如何选择积极或消极的自我意识，将在很大程度上影响或决定着一个人的前程与命运。换句话说，你可能渺小而平庸，也可能伟大而杰出，这在很大程度上取决于你的自我意识究竟如何，取决于你是否能够拥有真正的自信。请你一定要记住，认识自我，因为你自己就是一座金矿。只要拥有自信、自主、自爱，你就一定能够在自己的人生中展现出应有的风采。认识自我这一目标实现与完成的过程，同时也是悦纳自我、培养自信心、发掘潜能，最终达到自我实现的过程。

每个人都有自己的优势和优点，很多时候是你没有挖掘和培养它们，常常以消极的心态埋藏它们。我们应当充分地挖掘自己的潜能，唤醒自己的优势，在良好的环境与条件下培养出自己更多的优势和优点。因为成功总是喜欢那些善于开发自己的人。

最后，在认清自我的前提下，我们开始改正自我、挑战自我，人生路上才能走得踏实、平稳。从总结过去的时间里找回自我，从现实生活中去考验自我，认清你的一切，成功总会伴随着你。

对每一个普通人来说，我们往往都喜欢把自己同别人相比较，用别人的观点、方式来衡量自己，或满心失落或沾沾自喜。也许人最重要的还是要和自己比，看到自身的优势之所在，找到适合自己的定位点，坚定、自信地走好自己的路。

如同天底下没有相同的树叶一样，每个人身上都有自己不同于他人的优势，让我们做个聪明人，别光盯着自己的弱点，好好找找自己的优势潜能，并把它发挥出来。

4. 充分利用好"淡季"的每一分钟

制订了目标，是不是就一定万事大吉了呢？俄国著名作家列夫·托尔斯泰曾给自己确定了一个生活的准则，他强调："人活着要有生活的目标：一辈子的目标，一段时间的目标，一个阶段的目标，一年的目标，一个月的目标，一个星期的目标，一天、一小时、一分钟的目标"。

有了目标，我们还要为实现目标做计划。也就是说，把大目标分解为一个个具体可行的小目标，每天都努力地向目标靠近，哪怕每天靠近一点点，不要将自己的目标束之高阁。比如，一个人，他的人生目标是做一位知名的骨科医生，为所有骨科患者服务。或许现在看来这个目标太大，无法实际操作，因此还要进一步分解。

他的目标可以这样分解：

初中的目标，高中的目标，每学期的目标，每个月的目标，每天的目标，将大目标变成了每天都可以操作实践的小目标，这样就可以使人坚持不懈地督促自己。

当然，不同的目标有不同的分解方法。之所以这样做，是为了保证目标的连续性和可操作性。只有每个小目标实现了，你的大目标才有可能变为现实。千万要记住不要"好高骛远"。另外在制订目标时一定要切合自己的实际情况。如果你好高骛远，所制订的目标无法实现，那就毫无价值了。

25岁的时候，普雷斯失业并面临挨饿的问题。他以前在伊斯坦布尔、巴黎、罗马，都曾尝过贫穷挨饿的滋味。然而在纽约城，处处洋溢着富贵气息，他觉得失业很可耻。

普雷斯不知道该怎么办，因为他觉得自己胜任的工作非常有限。他能写文章，但不会用英文写作。白天就在马路上东奔西走，目的倒不是为了锻炼身体，因为这是躲避房东的最好办法。

一天，普雷斯在42号街碰见一位金发碧眼的先生。普雷斯立刻认出他是俄国的著名歌唱家夏里宾先生。普雷斯记得自己小时候，常常在莫斯科帝国剧院的门口，排在观众的行列中间，等待好久之后，方能购到一张票，去欣赏这位先生的艺术。后来普雷斯在巴黎当新闻记者，曾经去采访过他，普雷斯以为他是不会认识自己的，然而他却还记得普雷斯的名字。

"很忙吧？"夏里宾问普雷斯。普雷斯含糊回答了他。普雷斯想：他一眼就看出了我的境遇。"我的旅馆在第103号街，百老汇路转角，跟我一同走过去，好不好？"他问普雷斯。

走过去？费雷斯已经走了5个小时的马路了。

"但是，夏里宾先生，还要走60个十字路口，路不近呢。"

"谁说的？"夏里宾毫不含糊地说，"只有5个十字路口。"

"5个十字路口？"普雷斯觉得很诧异。

"是的，"他说，"但我不是说到我的旅馆，而是到第6号街的一家射击游艺场。"

这有些答非所问，但普雷斯却顺从地跟着他走，一下子就到了射击游艺场的门口。然后他们继续前进。

"现在，"夏里宾说，"只有11个十字路口了。"普雷斯摇摇头。

不多一会儿，走到卡纳奇大戏院，夏里宾说："我要看看那些购买戏票的观众究竟是什么样子。"几分钟之后，他们又前进了一段路。

"现在，"夏里宾愉快地说，"离中央公园的动物园只有5个十字路口了。里面有一只猩猩，它的脸很像我所认识的唱次中音的朋友。我们去看看那只猩猩。"

又走了12个十字路口，已经来到百老汇路，他们在一家小吃店前面停了下来。橱窗里放着一坛咸萝卜。夏里宾遵医嘱不能吃咸菜，于是他只能隔窗望望。"这东西不坏呢，"他说，"使我想起了我的青年时期。"

普雷斯走了许多路，原该筋疲力尽了，可是奇怪得很，今天反而比往常好些。这样忽断忽续地走着，走到夏里宾住的旅馆的时候，夏里宾满意地笑着："并不太远吧？现在让我们来吃中饭。"

在那顿满意的午餐之前，夏里宾解释给普雷斯听，为什么要走这许多路的理由。"今天的走路，你可以常常记在心里。"这位大音乐家庄严地说，"这是生活艺术的一个教训：你与你的目标之间，无论有怎样遥远的距离，切不要担心。把你的精神集中在5个十字路口的短短距离，别让遥远的未来使你烦闷。常常注意未来24小时内使你觉得有趣的小玩意儿。"

夏里宾先生把60个路口，一次又一次地分割成更小的目标，最终分割到5个路口。每次只是走一段路实现一个小的目标，而未来目标实现起来就容易多了。

在人生的道路上，每一个人最初之时都有远大的目标，可是，最终实现的人又有多少？半途而废丧失信心的人又有多少？

1984年，在东京国际马拉松邀请赛中，名不见经传的日本选手山田本一出人意料地夺得了世界冠军。当有人问他凭什么取得如此惊人的成绩时，他说了这么一句话："凭智慧战胜对手。"

当时许多人都认为这个偶然跑到前面的矮个子选手是在故弄玄虚。许多人都认为马拉松赛是考验体力和耐力的运动，只要身体素质好又有耐性就有望夺冠，爆发力和速度都还在其次，说用智慧取胜确实有点让人怀疑。

两年后，意大利国际马拉松邀请赛在意大利北部城市米兰举行，山田本一代表日本参加比赛。这一次，他又获得了世界冠军。有人又问他有什么秘诀。

山田本一性情木讷，不善言谈，回答的仍是上次那句话：用智慧战胜对手。然而在10年后，这个谜底终于被解开了，在他的自传中他这样写道：每次比赛之前，我都要乘车把比赛的线路仔细地看一遍，并把沿途比较醒目的标志画下来，比如，第一个标志是银行；第二个标志是一棵大树；第三个标志是一座红房子……这样一直画到赛程的终点。比赛开始后，我就以百米冲刺的速度奋力地向第一个目标冲去，等到达第一个目标后，我又以同样的速度向第二个目标冲去。40多公里的赛程，就被我分解成这些小目标轻松地跑完了。起初，我并不懂这样的道理，我把我的目标定在40多公里外终点线上的那面旗帜上，结果我跑到十几公里时就疲惫不堪了，我被前面那段遥远的路程给吓倒了。

可见他用的是分解目标这一智慧，这的确是一个很不错的方法。

有这样一则寓言：

一只新组装好的小钟放在两只旧钟当中。两只旧钟答、滴答"一分一秒地走着，其中一只旧钟对小钟说："来吧，你也该工作了，可是我有点担心，你走完3100万次后，恐怕便吃不消了。""天哪，3100万次！"小钟吃惊不已。"要我做这么大的事？我办不到，办不到。"它非常失望地站着。另一只旧钟见了说："别听他胡说八道，不用害怕，你只要每秒钟'滴答'摆一下就行了。'"天下哪有这样简单的事？"小钟高兴地叫起来，"只要这样做，那就容易多了，好，我现在就开始。"小钟很轻松地每秒钟"滴答"摆一下，不知不觉中，一年过去了，它摆了3100多万次。

在一个大目标面前，或许我们觉得我们根本无法实现目标，常常会因为目标的遥远和艰辛感到气馁、受伤，甚至怀疑自己的能力。而在一个小目标面前我们却往往充满信心。有些急功近利的人，一开始就给自己定下大目标，天长日久，当他发现目标离自己仍很远时，就会因为自卑而放弃一如既往的努力。其实，我们可以把每个大目标分成无数个我们可以实现的小目标，当你实现了每个小目标，认认真真做好了每一件事，大目标也就离你不远了。

在生活中，之所以很多人做事会半途而废，往往不是因为事情的难度大，而是觉得距成功太遥远。他们不是因失败而放弃，而是因心中无明确而具体的目标乃至倦怠而失败。如果我们懂得分解自己的目标，一步一个脚印地向前走，也许成功就在眼前。

把大的目标分解，经常检查自己实现目标的状况，经常体验实现目标的快乐，用这样的方法，即使是遥远的马拉松，也可以跑得很轻松。

5. 你寻找的"旺季"，并不在别人眼中

意大利作家但丁说过这样一句话："走自己的路，让别人说去吧。"很多人明白这个道理，但是能够做到这一点的人少之又少。

我们总是太过在意别人的眼光，如果有人说我们的衣服难看，我们第二天就会绝不再穿；当别人说你的声音不够甜美，那么你就会很少说话。做完一件事，我们总是依靠别人的评价给自己打分，别人的看法会被我们牢牢印在脑海之中，好的评价总会让我们心情愉悦，而那些不好的则给我们生活带来无尽困扰。

在当今社会，我们不可能独立地存在于这个社会中。可是我们不能因为这些，就让别人的议论成了生活的风向标。总是记得别人的议论，这是没有主见、没有自信的表现。它不但会

影响我们的生活、学习，长此以往，还会让我们的心态更加消极，更甚者，我们不敢自己寻找未来，而是从别人的眼中寻找未来。

费曼是美国的科学奇才，他的妻子性格开朗，总是善于从一些小事中寻找生活的乐趣，所以，他们的婚姻生活很幸福，一直是身边朋友羡慕的对象。

有一次，费曼的妻子给身在普林斯顿的他寄来一盒铅笔，上面还用一行金色的字表达了心中的爱意："理查亲亲！我爱你。"

费曼觉得这礼物是很好，但是写上一句亲昵的话，如果跟教授朋友讨论问题，忘在别人桌子上，别人会怎么想呢？他不好意思用这些笔。可是当时物质缺乏，他舍不得浪费，所以刮掉一支铅笔上的字来用。

第二天上午，费曼又收到一封妻子寄来的信，一开头就写着："想把铅笔上的名字刮掉吗？这算什么？你难道不以拥有我的爱为荣吗？"结尾用特大号字体写着："你管别人怎么想！"看到这段话，费曼非常震惊。"是啊，我为什么要管别人怎么想？生活是自己的，人生也是自己的，为什么活在别人的议论中？"他对自己说。

受到妻子的启发，他决定写一本讲述自己一生经历的书，而且就以《你管别人怎么想》当书名。在这本书中，他记述了和妻子的感情、生活轶事和他自己在科学上的重大突破。

第一章
我从来不信这世间会无路可走

人生短暂，需要我们把握的东西有很多，如果你的人生总是不停地按着别人的要求来做自己，很显然，这样的人生是没有意义的。我们要知道，在人生道路上，我们只是别人眼中的一道风景，过了，就会很快地被人忘记。当你付出太多的努力来达到别人眼中的完美，别人也许已经丧失了关注你的兴趣。所以，不要纠缠于别人的评价中，要学会做自己的主人。

加拿大著名女演员索尼亚·斯米茨的童年是在渥太华郊外的一个奶牛场里度过的。

当时她在农场附近的一所小学里读书。有一天她回家后很委屈地哭了，父亲就问原因。她断断续续地说："班里一个女生说我长得很丑，还说我跑步的姿势难看。"父亲听后，只是微笑。忽然他说："我能摸得着咱家天花板。"正在哭泣的索尼亚听后觉得很惊奇，不知父亲想说什么，就反问："你说什么？"

父亲又重复了一遍："我能摸得着咱家的天花板。"

索尼亚忘记了哭泣，仰头看看天花板。将近4米高的天花板，父亲能摸得到她怎么也不相信。父亲笑笑，得意地说："不信吧，那你也别信那女孩的话，因为有些人说的并不是事实！"

索尼亚就这样明白了，不能太在意别人说什么，要自己拿主意！

　　她在二十四五岁的时候，已是个颇有名气的演员了。有一次，她要去参加一个集会，但经纪人告诉她，因为天气不好，只有很少人参加这次集会，会场的气氛有些冷淡。经纪人的意思是，索尼亚刚出名，应该把时间花在一些大型的活动上，以增加自身的名气。索尼亚坚持要参加这个集会，因为她在报刊上承诺过要去参加。"我一定要兑现诺言。"结果，那次在雨中的集会，因为有了索尼亚的参加，广场上的人越来越多，她的名气和人气因此骤升。

　　后来，她又自己做主，离开加拿大去美国演戏，从而闻名全球。

　　自己拿主意，当然并不是一意孤行，孤芳自赏，而是忠于自己，相信自己，不轻易被别人的思想所左右。但是在生活中，人都难免有从众心理，常常会为了顾及面子而依附他人的思想和认知，从而失去独立的判断，处处受制于人。这真是一种莫大的悲哀，作为一个独立人，我们要有自己的主见，不可盲目追随别人。

　　当我们太过在意别人的评价时，有时候会在别人的逢迎或夸奖中迷失自己，更容易在别人的议论中丢盔弃甲，很难去坚持自己的想法和判断。同时，太在意别人的评价会让我们患得患失，害怕一切可能会产生的不好的后果。结果，自己承受的压力越来越大。每天面对着千目所视、万手所指的压力，你总会害怕别人都在注意自己的缺点或疏漏。这可怕的想法会使你退缩，失去积极主动的活力。

　　拿破仑的妻子玛丽，曾经每天陷于苦恼之中。她的个子不高，体重却是玛丽莲·梦露的两倍。

　　身高的缺陷再加上并不漂亮的容貌让玛丽感到很难过。有一次她去美容院，美容师肯定地告诉她，不可能把她的脸变成杰作。听到这句话，玛丽恨不得钻到地缝里去。慢慢地，她不敢去公众场合，害怕别人注意到自己，害怕别人对自己指指点点。

　　有一天，她一个人在广场上散步，这时她看到了一个矮小而肥胖的老妇人。这个老妇人的脸上擦满了厚厚的脂粉，嘴唇上还涂着鲜红的唇膏，一身名牌的穿戴让她看上去十分高贵。

　　由于这个老妇人很胖，她手里的手杖支撑了很大的力量。突然，手杖的尖头深深地戳进了地里。当她用力地往外拔时，因为用力过猛，身体一下失去了重心，她重重地跌倒在了地上。

　　一下子，这个老妇人被摔得站不起来了。玛丽心想，她的心情肯定沮丧到了极点，在大庭广众之下摔倒毕竟不是一件优雅的事情。

　　因为自己也出过这种洋相，玛丽非常同情这个老妇人。然而，这个老妇人却做出令她意想不到的事情，她坚强地站了起来，然后对玛丽笑了笑："瞧我不小心摔了个大跟头。"说完，还冲玛丽做了一个鬼脸。看着她离去的背影，玛丽突然意识到：没有人真正注意到你的所作所为，是你自己心里的"鬼"在作祟。

经历过这件事后，玛丽开始逐渐调整自己的心态，她决定不再考虑别人对自己的看法，也不会再因为别人的嘲笑而闷闷不乐。这时她才领悟到：只有学会释然，学会不计较别人的看法，自己才能活得快乐，赢得别人的尊敬。

对于别人的评论，我们应当学会释然。太多的时候，我们只是自己给自己不断地施压。许多东西是无法改变的，我们只有坦然接受。无论是在哪种场合，无论我们是否美若天仙，我们都不必活在矫情中，活在别人的世界，处处担心别人怎么想自己，怎么看自己。当你懂得了这种释然，你就会体会到什么才是真实的、无忧无虑的生活。

只有为自己而活，我们的人生才能精彩。每个人都应该坚持走自己开辟的道路，不轻易受他人观点所牵制。活着是为了充实自己，而不是为了迎合他人的想法。

如果不付诸实施，我们很难验证一个想法正确与否，因此，与其把精力花在一味地去献媚别人，时时刻刻地去顺从别人，还不如把精力放在提升自己上。改变别人的看法总是很难，改变自己却很容易。我们可以参考别人的模式，但是中间的精髓一定要是自己的。

6. 别把自己不当回事儿，也别把自己太当回事儿

一位名牌大学的学生在某论坛上写道："我会经常感到迷茫，在周围人的意见中，我不知道该把自己的姿态放低点儿，还是摆得高点儿"。

这种困惑我们每个人都有，其实我们应该根据自己的能力来给自己定位，不能定得太高，也不能定得太低。俗话说："取乎上，得其中；取乎中，得其下。"就是说，一个人把自己的位置定得太高，可能就会感到力不从心；而把自己位置定得太低，就可能获得不了很大的成功。

一个人如果没有找到自己的位置，无论你是天之骄子，还是满面尘土的打工仔；无论你是才高八斗，还是目不识丁；无论你是大智若愚，还是八面玲珑，都会出现这山望着那山高、好高骛远的状态，终将一事无成。

20世纪美国著名小说家和剧作家布思·塔金顿的作品《了不起的安德家族》和《爱丽丝·亚当斯》获得过普利策奖。声名鼎盛时期的塔金顿身上却发生了这样一件事情：

那是在一个红十字会举办的艺术家作品展览会上，他作为特邀的贵宾参加了展览会，其间，有两个可爱的十六七岁的小女孩来到他面前，诚恳地向他索要签名。

"亲爱的小朋友，我用铅笔可以吗？"他其实知道她们不会拒绝。

"当然可以。"小女孩们果然爽快地答应。

一个女孩将她的非常精致的笔记本递给他，他取出铅笔，潇洒自如地写上了几句鼓励的话语，并签上他的名字。女孩看过他的签名后，眉头皱了起来，她仔细看了看塔金顿，问道："你不是罗伯特·查波斯啊？"

"不是，"他非常自负地告诉她，"我是布思·塔金顿，《爱丽丝·亚当斯》的作者，两次普利策奖获得者。"

小女孩将头转向另外一个女孩，耸耸肩说道："对不起，我们认错人了，我们以为你是电影演员罗伯特·查波斯。"女孩说完毫不犹豫地将签名擦掉了。

从此以后，塔金顿时时刻刻告诫自己：无论自己多么出色，都别太把自己当回事儿。

虽然这件事让塔金顿很尴尬，但是却给他的人生上了一堂受益颇深的课——即使他是两次普利策奖的获得者，可小女孩喜欢的是那个极为普通的电视演员而不是他。这让他明白，一个人无论取得了怎样的成就都不要把自己看得太高。

我们年轻人也是一样的，尤其是刚从学校里出来的年轻人，我们总觉得自己读了很多书，见识很广。于是，在做事的时候我们就有点飘飘然，做任何事情只是追求最快、最高、最好、得到最多的回报，久而久之，我们对自己目前的所得也就越来越不满意了。当一段时间过去后，我们的梦想越来越远，渐渐就产生了不满的情绪。这种高看自己的心理正是成功的绊脚石，一个人一旦有了这样的心态，想要获得成功就很难了。

当然，别把自己看得太高，并不是说要你把自己看得很低。世间没有十全十美的东西，有优势就必然有劣势。如果你时常否定自己，并设想别人也是如此对你，那么就会对自己存在的意义产生模糊的意识，这样你的生活就黯淡失色了。

其实，你并没有自己想象中的那么差劲；其实，你比想象中的自己更完美。找到自身优势，你就发现了通往成功的秘诀，开始了一段自我成功之路。美国盖洛普公司经过大量的科学研究，提出了颠覆传统认知的优势理论。指出一个人之所以能成功不是依靠弥补自己的缺点和缺陷，而是要发挥自己的优势。不幸的是，现实生活中很多人对自己的才能和优势并不了解，更不知道如何充分发挥。相反，受到传统观念的影响，人们更多地在弥补自身缺陷、弱点，认为只有比别人的缺点更少，才能取得成功。

如果一个人觉得自己很美，那么他的那份自信就会让他看起来是美的。如果他心里总是嘀咕自己是蠢笨、无能的，那么他就会在生活中变得无足轻重。人的成与败、荣与辱都在于你的心灵，如果你真的关爱自己，那么就下定决心从现在开始开心地接纳自己。

　　你不需要把自己看得太低，同样，你也不要把自己看得太高。只要我们用一颗平常心去面对自己所经历的事，心中充满阳光，就不会使自己陷入低谷中。

第二章

在所谓的"淡季"中，用心经营你的人生

什么产品都有生意淡季的时候，就像任何人生都有低谷的时期，谁不曾满身是伤？谁不曾彷徨迷惘？但是，做不好没关系，总比不做强。

1. 只不过是从头再来

苦难来临时，我们无处躲藏，既然如此，索性就让它留下的创伤永远提醒自己，让自己变得更加成熟与坚强。

每一个人都应该有从头再来的勇气。因为从头再来不等于放弃过去，而是让自己在遭受创伤的过程中变得成熟。一遍遍地尝试，会让你获得更多的经验，这些才是你最大的财富。

做事的结果无非就是两种结果：一种是成功，另一种是失败。而那些善于把握时机办事的人，在对待困境的时候，有着一种不屈不挠的精神，正是这种精神激励着他们努力地做好每一件事情。

1791年，迈克尔·法拉第出生在伦敦市郊一个贫困铁匠的家里。他父亲收入微薄，常生病，子女又多，所以法拉第小时候连饭都吃不饱，有时他一个星期只能吃到一个面包，当然更谈不上去上学了。

法拉第12岁的时候，就上街去卖报。一边卖报，一边从报上识字。到13岁的时候，法拉第进了一家印刷厂当图书装订学徒工，他一边装订书，一边学习。每当工余时间，他就翻阅装订的书籍。有时甚至在送货的路上，他也边走边看。经过几年的努力，法拉第终于摘掉了文盲的帽子。

渐渐的，法拉第能够看懂的书越来越多。他开始阅读《大英百科全书》，并常常读到深夜。他特别喜欢电学和力学方面的书。法拉第没钱买书、买本子，就把印刷厂的废纸订成笔记本，摘录各种资料，有时还自己配上插图。

一个偶然的机会，英国皇家学会会员丹斯来到印刷厂校对他的著作，无意中发现法拉第的"手抄本"。当他知道这是一位装订学徒的笔记时，大吃一惊，于是丹斯送给法拉第皇家学院的听讲券。

法拉第怀着极为兴奋的心情，来到皇家学院旁听。做报告的正是当时赫赫有名的英国著名化学家戴维。法拉第非常用心地听戴维讲课。回家后，他把听讲笔记整理成册，作为自学用的"化学课本"。

后来，法拉第把自己精心装订的"化学课本"寄给戴维教授，并附了一封信，表示："极愿逃出商界而入于科学界，因为据我的想象，科学能使人高尚而可亲。"收到信后，戴维颇为感动。他非常欣赏法拉第的才干，决定把他招为助手。法拉第非常勤奋，很快掌握了实验技术，成为戴维的得力助手。

半年以后，戴维要到欧洲大陆做一次科学研究旅行，访问欧洲各国的著名科学家，参观各国的化学实验室。戴维决定带法拉第出国。就这样，法拉第跟着戴维在欧洲旅行了一年半，会见了安培等著名科学家，长了不少见识，还学会了法语。

回国以后，法拉第开始独立进行科学研究。不久，他发现了电磁感应现象。1834年，他发现了电解定律，震动了科学界。这一定律，被命名为"法拉第电解定律"。

法拉第依靠刻苦自学，从一个连小学都没念过的装订图书学徒工，跨入了世界第一流科学家的行列。恩格斯曾称赞法拉第是"到现在为止最大的电学家"。

1867年8月25日，法拉第坐在他的书房里看书时逝世，终年76岁。由于他对电学的巨大贡献，人们用他的姓——"法拉第"作为电量的单位；用他的姓的缩写——"法拉"作为电容的单位。

为了追求自己的事业，很多人同法拉第一样，忍受了常人难以想象的艰苦。这样的生活也许会让浮躁和势力的凡人崩溃，但对于从事崇高追求的人而言，他们非但不把它们视为苦难，反而会认为这是莫大的快乐，正是在这种过程中，他们创造了自己的人生，获得成功。

我们通常会把不幸视为人生的逆境，抱怨命运对自己不公平，可是抱怨丝毫不能解决问题。那些在人类历史上留下了杰出贡献的人们，很多人都曾遭遇过不幸，经历过刻骨铭心的痛。可是经历过风雨的历练后，他们对人生有了更加透彻的认识，变得更加成熟。没有不曾失败过的人，只有不够成熟的失败者。

日本"经营之神"松下幸之助,小时候在乡下看见农民洗甘薯,不仅觉得很好玩,而且还悟出了做人的道理。在乡下,农民用木制的特大号水桶,装满了要洗的甘薯,然后用一根扁平的大木棍不停地搅拌。在木桶里,大小不一的甘薯,随着木棍的搅动,忽沉忽现。有趣的是,浮在上面的甘薯不会永远在上面;沉在下面的甘薯,也不会永远在下面。甘薯总是浮浮沉沉,互有轮替。

"洗甘薯"是这样,生活何尝不是这样!松下幸之助深有体会地说:"这种沉沉浮浮、互有轮替的景象,正是人生的写照。每一个人的一生,就像那些甘薯一样,总是浮浮沉沉,不会永远春风得意,也不会永远穷困潦倒。这样持续不停地一浮一沉,就是对每个人最好的磨炼。"

"松下"品牌在商界声名显赫,业绩辉煌,可是松下幸之助的一生并不幸福:11岁辍学;13岁丧父;17岁差一点淹死;20岁不但丧母,而且得肺病几乎亡故;34岁,唯一的儿子出生仅6个月就病故;他一生受病魔纠缠,常常因病卧床。然而,每当他遭受打击与挫折时,就会想起乡下人洗甘薯的那一幕。于是,他百折不挠,愈挫愈勇,最终总能转败为胜,化危为安。

人的一生不可能永远一帆风顺,生命中的那些沟沟坎坎反而更能折射出生命的精彩。没有经历过创伤,就不会领略成熟的人生。在通向成功的道路上，失败是不可避免的。跌倒了，受伤了，微笑着对自己说，"没有什么大不了的，前面的风景更美丽！"

　　每一次的创伤带给你的不仅是痛苦，更重要的是教会你不断地成熟。挫折、困苦、失败，都不可能击倒意志坚强的人，只会引领他们走向成熟，走向成功。跨过创伤，失败的经历就能够带领我们走向一个更加明朗的世界；越过创伤，你会更加懂得人生；越过创伤，你会发现自己的意志如同钢铁般坚韧无比。在我们收获成功的时候，我们更应该怀着一颗感恩的心来感谢生活给予我们的磨难，是它们让我们变得更加自信与执着。

2. 淡季来时，不是捶胸顿足，而是奋发努力

　　当我们受到他人的无故讥讽甚至侮辱时，要冷静地面对与处理，平和自己的心态，不能为了暂时的挫折而钻牛角尖；要把别人的侮辱当作你奋发图强的动力，激励自己去战胜困难，取得成就。

荣誉可以成为一个人进步的动力,在一定条件下,耻辱也能达到荣誉的这种功效。

阿兰·米穆是法国当代著名长跑运动员、法国10000米长跑纪录创造者,曾先后获得第十四届伦敦奥运会10000米亚军、第十五届赫尔辛基奥运会5000米亚军、第十六届墨尔本奥运会马拉松赛冠军,后来在法国国家体育学院执教。

米穆出生在一个相当贫穷的家庭。从孩提时起,他就非常喜欢运动。可是,家里很穷,他甚至连饭都吃不饱。例如,米穆喜欢踢足球,因为没有鞋穿却只能光着脚踢。母亲好不容易替他买了双草底帆布鞋,为的是让他穿着去学校念书的。如果米穆的父亲看见他穿着这双鞋子踢足球,就会狠狠地揍他一顿,因为父亲不想让他把鞋子穿破。

12岁时,米穆已经有了小学毕业文凭,而且评语很好。母亲对他说:"你终于有文凭了,这太好了!"妈妈去为他申请助学金。但是,她遭到了拒绝。

没有钱念书,于是米穆当上了咖啡馆里跑堂的服务生。他每天都要工作到深夜,但仍然坚持长跑。为了能进行锻炼,他每天早上五点钟就得起来,累得脚跟发炎脓肿。尽管如此,他还是咬紧牙关报名参加了法国田径冠军赛。他先是参加了10000米冠军赛,可是只得了第三名。第二天,他决定再参加5000米比赛。幸运的是,他得了第二名。米穆并因此得到了参加伦敦奥林匹克运动会的机会。

对米穆来说，这简直是不可思议的事情！他当时甚至还不知道什么是奥林匹克运动会，也从来想象不到奥运会是如此宏伟壮观。

但有些事情让米穆感到不快：没有人认为他是一名法国选手，没有一个人看得起他。比赛前几个小时，米穆想请人替自己按摩一下，于是他敲开了法国队按摩医生的房门。

按摩医生却对他说："有什么事吗，我的小伙计？"

米穆说："先生，我要跑10000米，您是否可以助我一臂之力？"

医生一边继续为一个躺在床上的运动员按摩，一边对他说："请原谅，我的小伙计，我是被派来为冠军们服务的。"

米穆知道，医生拒绝替自己按摩，无非因为自己只是咖啡馆里的一名小跑堂罢了。

那天下午，米穆参加了具有历史意义的10000米决赛。他当时仅仅希望能取得一个好名次，因为伦敦当天的天气异常干热，很像暴风雨的前夕。比赛开始了，同伴们一个又一个地落在他的后面。米穆成了第四名，随后是第三名。很快，他发现只有捷克著名的长跑运动员扎托倍克一个人跑在他前面进行冲刺。最后米穆得了第二名，为法国夺得了第一枚世界银牌。

然而，最让米穆感到难受的，还是当时法国的体育报刊和新闻记者。他们在第二天早上便边打听边嚷嚷："那个跑了第二名的家伙是谁呀？啊，准是一个北非人。天气热，他就是因为天热才得到第二名的!"

不过,让米穆感到欣慰的,是在伦敦奥运会四年以后,他又被选中代表法国去赫尔辛基参加第十五届奥运会。在那里,他打破了10000米法国纪录,并在被称为"20世纪5000米决赛"的比赛中,再一次为法国赢得了一枚银牌。

随后,在墨尔本奥运会上,米穆参加了马拉松比赛。他以1分40秒跑完了最后400米,终于成了奥运会冠军!

他不用再去咖啡馆当跑堂了。可是,米穆却说:"我喜欢咖啡,喜欢那种香醇,也喜欢那种苦涩……"

所以,受一时之辱并不可怕,关键是看你如何对待耻辱。一个人蒙受耻辱,往往会有两种态度:一是不以为耻,更不愿意从自己身上去寻找蒙受耻辱的原因,这种人只会永远蒙受耻辱,永远不会前进;另一种是产生羞愧之心,于是从自己身上去寻找蒙受耻辱的原因,并由羞愧而产生一股巨大的向上的力量,去战胜和洗刷耻辱,从而获得成功。

当处在逆境中时,受到别人的冷嘲热讽,情绪上的对立和反击甚至报复,是无济于事的,你并不会因此得到一点好处、一丝长进,也不会因此就一下子令人折服。最好的做法就是,用事业的成功来洗刷侮辱,让人对你刮目相看。

我们有理由相信,情绪上的反抗无济于事,只有把时间和精力都花在事业上,才能走向希望和成功。要学会把别人的蔑视当作一种动力,并感谢这样的人。感谢伤害你的人,因为他磨炼了你的心志；感激羁绊你的人，因为他强化了你的双腿；感激欺骗你的人，因为他增进了你的智慧；感激藐视你的人，因为他唤醒了你的自尊；感激遗弃你的人，因为他教会了你独立。

3. 人活一世不容易，何必事事都在意

　　活得累，是现代人的普遍感受，这很大程度上是因为追求完美。可是也许你已经发现，不管自己是多么努力，行为是多么正确，自我反省是多么深刻，都永远达不到所有人对自己的要求。世界是这么大，社会是这么复杂，人的思想观点是这么不同，要求所有人一致地赞同一件事，是难乎其难，甚至不可能的。聪明的人，就应该在此时避重就轻，创造一种心理导向的效应。

　　每个人都会有他个人的感觉，都会根据自己的想法来看待世界。所以，不要试图让所有的人都对你满意，否则你将永远也得不到快乐。

27岁的刘佳在一家外企工作。最近又一次得到升迁的她，却发现随着事业的发展，同事们开始用"强势"、"精英"、"女强人"来形容她；老公也不再把她当作小鸟依人的爱人而百般疼爱了。

仔细审视了一下，刘佳发现自己在工作上确实比以前更果断厉害，也更能干了，这也是她一直所追求的。但在戴上"女强人"这顶帽子的同时，她也备感不适，同事的敬畏、老公的疏远，都让她觉得很压抑。她甚至开始犹疑："该不该继续这样强势下去？"

朋友们纷纷劝她："何必苦苦支撑，把自己弄得那么累？家庭才是女人该待的地方。"

丈夫作为一家大公司的高层，更是极力游说她辞职。他给出的理由非常充分：家中有人操持家务，男人的职业状态才能更佳；作为女人，多多逛街、购物、做美容，也能更年轻靓丽。而这一切的前提是他自己的薪水足以支撑这一切。

听了这些，刘佳动心了，她很快就办好了辞职手续。但是，离开自己热爱的事业之后，刘佳变得闷闷不乐，家庭琐事让她厌烦不已，她觉得自己就像一只被关在笼子里的鸟……

几乎每个人，都在乎别人对自己的评价，并对此患得患失，以致常常为了迎合别人而不断地否定和修正自己。其实，那些对你指手画脚的人自己也不知道应该如何抉择。不要奢望所有人都支持你的选择，也不要期许所有人都喜欢你的风格。

生活是你自己的，你更应该听从自己内心的想法，而不是随波逐流。

歌德曾说："每个人都应该坚持走自己开辟的道路，不被流言所吓倒，不受他人的观点所牵制。"

一个人想面面俱到，不得罪任何人，又想讨好每一个人，那是绝对不可能的！因为在做人方面，你不可能顾到每个人的面子和利益，你认为顾到了，别人却不这么认为，甚至根本不领情的也大有人在。在做事方面，你也不可能顾到每个人的立场，每个人的主观感受和需要都不同，你要让每个人满意，事实上，就是让所有人都不满意！

最后，为了面面俱到，反而把自己累坏了，而因为怕对方不满意，还得察言观色，揣摩别人的心思，这多么辛苦啊！

那应该怎么做？做你该做的！也就是说，你认为对的，就不受动摇地去做，参考别人的意见要看意见本身，而不是看别人的脸色。这么做有时确实会让一些人不高兴，但你的不受动摇，却可赢得这些人事后的尊敬，毕竟人还是服膺公理的，除非你的坚持纯属是为了私心！

这么做，会有人称赞你，也会有人骂你，但想面面俱到的人，结果是每个人都会嘲笑你——就像故事中的父子！

俗语说："岂能尽如人意，但求无愧我心！"就像萝卜白菜各有所爱一样，不要奢望做一棵人人都满意的菜，那是不可能的事情！

我们为人处世经常按别人的反应来决定,而很难按自己的意愿去行动,尤其是在关于"成功"、"幸福"之类重要的问题上,一切似乎已经有了约定俗成的标准。弗洛伊德说:"简直不可能不得出这样的印象,人们常常运用错误的判断标准——他们为自己追求权利、成功和财富,并羡慕别人拥有这些东西,他们低估了生命的真正价值。"

心理学家指出:如果给你两组完全相同的人像,一组人像下写"残暴"、"凶恶"、"狠毒"一类的词,一组人像下写"果敢"、"勇毅"、"顽强"一类的词,请两组测试者对人像的职业进行评估,那么前一组人像很可能就被猜为罪犯,而后一组人像就可能被猜为军人。就像人们往往把银幕上、球场上的明星当作一种偶像,把表演中的人当作生活中真实的人一样。人类的内心有一种很强烈的接受外界暗示,通过语言、形象的传播媒介树立形象的欲望,它构成了所谓的"心理导向效应"。

了解了这一点之后,如果要使自己摆脱困境,减小压力,争取更多的赞同,就可以根据不同的情况采取不同的措施。

从前,有一位画家想画出一幅人人见了都喜欢的画。完成后,他拿到市场上去展出。他在画旁放了一支笔,并附上说明:每一位观赏者,如果认为此画有欠佳之笔,均可在画中做记号。

晚上,画家取回了画,发现整幅画面都被涂满了记号。没有一笔一画不被指责。画家十分不快，对这次尝试深感失望。

画家突发奇想，想要换一种方法去试试。他又临摹了一幅同样的画拿到市场展出。可这一次，他要求每位观赏者将其最为欣赏的妙笔都标上记号。当画家再取回画时，看画上的记号，一切曾被指责的败笔，如今却都换上了赞美的标记。

不要对自己太苛刻，工作上给自己定一个能所能达的目标，只要对得起自己的努力和良心，不要太在意外人对你的评价，否则，遇到挫折就可能导致身心疲惫，万念俱灰。不要为了让周围每一个人都对你满意而处处谨小慎微，不要顾及他人的眼光而改变自己的言行，不要让所有人都满意了而委屈了自己，我行我素在某些情况下还是需要的。

如果这种在意已经让你产生情绪的过分紧张和焦虑，影响了你的生活情趣和解决问题的能力，那么你应该学会放松，调节自己的情绪，保持生活的规律和睡眠的充足，以饱满的精神状态去应对。学会倾诉和寻求帮助来排解不愉快，生活中绝大多数人都有一颗助人为乐的心，找一个听你诉苦的朋友不会是太难的事情。

人活一世不容易，何必事事都在意？你有什么必要去取悦别人而委屈自己？

4. 沙漠里也能找到星星

其实，从根本上来说，人与人之间的差别很小，但就是这种很小的差别却往往造成了人与人之间的巨大差异。而这种很小的差别就是人所具备的心态，是积极的还是消极的差别；而巨大的差异就是他所得到的是成功还是失败。

在我们的现实生活中，存在这样一个奇怪的事实：在这个世界上，成功卓越的人较少，失败平庸的人较多。成功卓越者，他们都活得充实、自在、潇洒；而失败平庸者却过得空虚、艰难、拘谨。

美国前总统克林顿的人生经历多灾多难，他的成长经历早已家喻户晓，同样为人们所熟悉的还有他早期的政治历程：1978年他当选为美国最年轻的州长；1980年最年轻的州长连任失败；1982年经历过磨炼的他又重新当选州长。后来，在1992年竞选总统的初期他又遭受到挫折，锤炼之后，他才最终获得总统候选人的提名。

然而，值得一提的是，克林顿总是在经历了挫折与失败后，能够很好地把他天生乐观的心态和能力相结合，使他重新赢得公众的信任，因为人们看到他在经历了一连串的打击后仍微笑着走来，可以说，他是永远的"东山再起的年轻人"。他能够做到平静地看待自己的人生，就像是在看他人的故事一样。他偶尔也会因为一点小事而暴跳如雷，但在大事面前，他却总是能冷静地对待与处理。当危机来临时，他可以轻易地从别人的角度考虑问题，并保持乐观的心态去面对。

下面的这个故事，相信也会对你有所启发。

塞尔玛是一个普通的随军家属，一次，她陪伴丈夫驻扎在一个大沙漠中的陆军基地里。丈夫奉命到沙漠里去学习，她一个人留在陆军的小铁皮房子里，天气热得受不了——在仙人掌的阴影下也有43℃。她没有人可聊天——身边只有墨西哥人和印第安人，而他们不会说英语。她非常难过，于是就写信给父母，说要丢开一切回家去。她父亲的回信只有一句话，这一句话却永远留在她内心，完全改变了她的生活："两个人从牢中的铁窗望出去，一个看到泥土，一个却看到了星星。"

塞尔玛一再读这封信，觉得非常惭愧。她决定要在沙漠中找到星星。

塞尔玛开始和当地人交朋友,他们的反应使她非常惊奇,她对他们的纺织、陶器表示兴趣,他们就把最喜欢但舍不得卖给观光客人的纺织品和陶器送给了她。塞尔玛研究那些引人入迷的仙人掌和各种沙漠植物、动物,又学习有关土拨鼠的知识。她观看沙漠日落,还寻找海螺壳,这些海螺壳是几万年前——这里还是海洋时留下来的,原来难以忍受的环境变成了令人兴奋、流连忘返的奇景。塞尔玛觉得自己已不再难过,而是每天都在快乐中度过。

是什么使这位女士变得快乐了呢?沙漠没有改变,印第安人也没有改变,但是这位女士的心态改变了。一念之差,使她把原先认为恶劣的情况变为一生中最有意义的冒险。她为发现新世界而兴奋不已,并为此写了一本书,以《快乐的城堡》为书名出版了。她终于从自己造的牢房里看出去,看到了星星。

正如戴高乐所说:"困难吸引坚强的人。因为人们只有在拥抱困难并克服困难时,才会真正认识自己。"也许,你不禁要问自己:我自己努力过吗?对于所遭遇的困难,愿意努力去尝试,并且相信自己吗?其实,只试一次是绝对不够的,需要多次的尝试,我们才会发现自己心中蕴藏着巨大的能量。许多人之所以失败是因为未能竭尽所能去尝试,而这些努力正是成功的必备条件。

当你付出了很多的努力,并取得了一定成绩后,不妨为自己庆贺一番，鼓励一下自己，这样做对你而言有很大的好处，会帮你建立起更多的自信。

有一个叫杰克的男孩在报上看到招聘启事，正好是适合他的工作。第二天早上，当他准时前往应征地点时，发现前来应聘的人来了很多，在他之前已经排了20个男孩。

如果换成另一个不自信的人，可能会因此而打退堂鼓。但是这个小伙子却完全不一样。他认为自己应该是这家公司所要找的那个人。于是，他从包里拿出一张纸，在纸上写了几行字，他走到负责招聘的女秘书面前，很有礼貌地说："小姐，麻烦你把这张纸交给老板，这件事很重要。谢谢你了！"

他看起来神态自若，文质彬彬，有一股强有力的吸引力，令人难以忘记。因此，给这位秘书留下了很深刻的印象。所以，她将这张纸交给了老板。

老板打开纸条，看到上面是这样写的："先生，您好。我是排在第21号的男孩。请您不要在见到我之前做出任何决定。"

你觉得他最终得到这份工作了吗？当然，答案肯定是的。其实，像他这样自信的男孩无论到什么地方都会有所作为。虽然他年纪很轻，但是他的自信却是打败那些有经验的人的优秀品质。

其实,人在一生中会遇到很多类似的问题。当遇到问题时,如果能够有自信,并且认真地进行思考,就会很容易找到解决的办法。在遇到困难时,你应该把自己当成强者,并把困难当作机遇,在心里把自己当成冠军。

遗传进化学者菲尔德说:"在整个世界史中,没有任何其他的人会跟你完全一样。不论是以前,现在,还是未来,都不会有像你一样的另一个人。"

伊尔文·本·库伯是美国最受欢迎的法官之一,然而现在的形象却与当初库伯年轻时懦弱的形象形成鲜明对比。

库伯从小生活在密苏里州圣约瑟夫城一个贫民窟里。父亲是个裁缝,收入很少。冬天,为了取暖,库伯经常提着一个煤桶,在附近的铁路沿线上拾煤块。库伯常常为必须这样做而感到窘迫,因此他常常一个人从后街偷偷进出,以免被放学的孩子们看到。

可是,他还是被那些孩子看到了。尤其是有一群孩子等在库伯从铁路回家的路上,趁库伯回家时欺负他,取笑他。他们经常把煤渣撒在街上,使库伯回家时一直流着眼泪。这样,库伯总是生活在或多或少的恐惧与自卑中。

后来发生了一件事情,这种事在我们打破失败的生活方式时总会发生的。库伯读了一本书,内心受到了很大的鼓舞,从而在生活中采取了积极的态度。这本书就是赫拉修·阿尔杰著的《罗伯特的奋斗》。

在这本书里，描写了一位像库伯一样的少年奋斗的故事。那个少年遭受到了极大的不幸，但是他用道德与勇气的力量战胜了所有的不幸。库伯深受感动，希望自己也具有这种勇气和力量。

后来库伯读了所有他所能借到的赫拉修的书。每当他读书的时候，立刻就进入了主人公的角色。整个冬天他都坐在冰冷的厨房里阅读成功和勇敢的故事，在不知不觉中吸取了勇气和力量。

在库伯读过赫拉修的书几个月后，他又到铁路边去捡煤块。在不远处，他看到有三个影子在一个房子的后面奔跑。他第一反应就是转身跑掉，但是很快他想起了书中主人公的勇敢精神。于是他把煤桶握得更紧，大步向前走去，好像他就是书中的那个英雄。

这是一场恶斗。三个男孩一起朝库伯冲上来。库伯丢下煤桶，挥舞着双臂，进行抵抗。这让三个欺软怕硬的孩子大吃一惊。库伯的一只手猛地打到一个孩子的鼻子上，另一只手猛击到这个孩子的胃部。这个孩子终于停止了打斗，转身逃跑了。这也使库伯大吃一惊。而这时，另外两个孩子正对他拳打脚踢。库伯设法把一个孩子推开，而把另一个打倒，用膝部猛击他而且用力击打他的胃部和下颚。现在只剩下一个孩子了，他是领头。他突然袭击库伯的头部。库伯设法站稳脚跟，把他拖到一边。这两个孩子站着相互凝视了一会儿。而后这个领头一步一步向后退，最后也溜掉了。库伯拾起一块煤向那个孩子扔去,表示他正义的愤慨。

直到那时库伯才发现他的鼻子一直在流血,他的全身已是青一块紫一块了。在库伯的一生中,这一天是个值得纪念的日子。那时他克服了恐惧。

库伯并不比以前强壮,而是他面对危险时已经不顾恐惧,他决定不再听凭那些恃强凌弱者的摆布。他要改变他的世界,他在后来也的确是这样做的。

一个人如果把自己视为一个成功的形象,这种心态或信念有助于打破自我怀疑和自我失败的习惯,而这种自我怀疑的习惯是消极的心态经过若干年在一种性格内逐渐形成的。另一个同等重要的能帮助你改变世界的成功技巧是,相信自己,把一切困难视为机遇。

5. 找不到出路时，请先切断一切后路

只有一条路可走的人往往是最容易成功的人，因为别无选择，所以他们会倾尽全力朝目标冲刺。有时只有斩断自己的退路，才能把不可能变成可能。

小民是一位留学美国的中国学生。毕业后，小民想靠着自己的能力养活自己，于是为了解决生存问题，他什么苦活累活都干过。在餐馆刷盘子，在路上发传单，帮别人打字。微薄的收入只能让他勉强糊口。

一天，在唐人街一家餐馆打工的他，看见报纸上刊出了一则招聘线路监控员的广告，一看和自己专业对口，薪资待遇也很吸引人，于是小民做足了准备去应聘。过五关斩六将，他进入了最终的面试。当招聘主管出人意料地问他："你有车吗？你会开车吗？我们这份工作需要外出，因为公司的车辆有限，所以我们会优先考虑会开车的人。"

小民当场就懵了，自己只是一个穷学生，怎么会有车呢？开车更是不会啊！但为了争取到这个工作，他不假思索地回

答:"有!会!"

"很好,那四天后你开车来上班。"主管说。

小民没有退路,要么他放弃这份工作,要么就硬着头皮上阵。最终他豁出去了,在一个朋友那儿借了一些钱,买了一辆二手车,开始了自己紧迫的学车历程。第一天他跟朋友学简单的驾驶技术;第二天在朋友屋后的大草坪模拟练习;第三天歪歪斜斜地开着车上了公路;第四天他居然真的驾车去公司报到了。

如果想要找到出路,没有坚定的信念和视死如归的精神是不行的。有时我们必须放开手脚,大胆去做,才能克服所谓的不可能。小民凭着自己的胆识,敢于斩断自己的退路,让自己置身于命运的悬崖边上。正是面临这种后无退路的境地,他才有了奋勇向前的精神,争取到了那个难得的机会。

在生活中,亦有很多不给自己留后路的人。

有时候,只有将自己逼上梁山,才能找到出路。对自己太容忍,就是对自己的残忍。当我们不能后退时,就只有前行。欢腾的小溪没有退路,它从高处流向低处,直到汇入大海;雄健的苍鹰没有退路,它从断崖飞向低谷,直到遨游天穹;稚嫩的幼芽没有退路,它从地下钻出地面,直到沐浴春雨……人生没有退路,我们才会更加努力地探寻出路。

生活中,退路就是在为不成功找借口,在经历失败后,它就成了堂而皇之的退缩理由。当你为自己留出后路时，你就在失败上投下一枚筹码，你的信心就已经削减了一半。关键时刻，有破釜沉舟的勇气的人，才能给自己创造一个向生命高地冲锋的机会。

6. 做不好没关系，总比不做强

"世界上没有什么东西可以代替坚持不懈。聪明不能代替，因为世界上聪明用错地方的人太多了；天赋也不能，因为没有毅力的天赋，只不过是空想；教育也不能，因为世界上到处可以见到受过高等教育的人半途而废。如今，只有决心和坚持不懈才是万能的。"美国作家卡文·库利吉的一句话道出了坚持的重要性。

人如何看待挫折，直接影响着他的行动力，导致他的成功或失败。挫折摆在眼前，就是一个残酷的事实，除了接受它之外，另外该做的是，把它转化成为一种助力，让自己撑着它，攀上更高的山峰。

刚刚进入社会的年轻人在寻找工作时，总会因为资历、相关工作经验的缺乏，或所学与想从事的职业不同而碰壁，不妨看看这样一个例子。

易森一心想往广告界发展，于是他寄出自己的简历，却得不到各家公司青睐。不甘心之余，他决定打电话去问清楚："为什么不录用我？"可能就是因为这股自信，使他获得了工作机会，后来成为传媒界的杰出人士。当他谈起当年的情况时，说："我觉得我自己是属于传媒界的人，于是我写信到各大广告公司毛遂自荐，哪怕是倒水、清垃圾都无所谓，只要给我机会。"

有一种人在找不到工作的时候，就会迷茫沮丧，但是另一种人会想尽办法，去摆脱困境。一位任职人力资源公司的主管谈到多年工作的经验时说："冷静下来，总有办法可想，许多人都是这样走过来的。做不好比不做更强。"

台湾曾有个"草莓族"的称号，用来形容20世纪60至70年代出生的这群人。因为他们在工作上所展现出来的低抗压性，遇到挫折时就放弃，如同草莓一样，虽拥有光鲜外表，但只要轻轻一压，整个形状就被破坏了。其实最根本的原因，就是他们缺乏处理失败的应变能力，不懂如何换个角度，改变自己对失败的想法罢了。

有位业务员照例拜访某公司，但他这次运气似乎不太好，被挡在门外，他只好把名片交给秘书，希望能和董事长见面。秘书看他十分诚恳，便帮他把名片交给董事长，不出所料，董事长不耐烦地把名片丢回去。很无奈的，秘书只得把名片还给站在门外的业务员，业务员不以为意地再把名片递给秘书："没关系，我下次再来拜访，所以还是请董事长留下名片。"

拗不过业务员的坚持，秘书硬着头皮，再次走进办公室。没想到董事长这时火了，将名片一撕两半，丢回给秘书。秘书不知所措地愣在当场，董事长更生气了，从口袋里拿出10块钱，"10块钱买他一张名片，够了吧！"岂知当秘书递还给业务员名片与钱后，业务员很开心地高声说："请你跟董事长说，10块钱可以买两张我的名片，我还欠他一张。"随即又掏出一张名片交给秘书。突然，办公室里传来一阵大笑，董事长走了出来，"不跟这样的业务员谈生意，我还找谁谈？"

拒绝是业务员每天都会碰到的场景，如果光是靠修养还是有泄气的时候，即便超级业务员也有倒地不起的一天。能从别人设下的困局逃脱的人，都有一个本事，那就是逆向思考，当你不顺着设局者的逻辑思考时，你才能出自己的招，去破解对手的招数。

一个在金融界工作的人，当初刚进入公司做基金研究员时,不知为什么,主管老是看他不顺眼,比如,主管邀请大家下班后一起吃火锅,总是不小心漏了他。他替自己打气的方式是去饭店吃高级火锅,他想这比主管还享受!主管要给他难堪,他反而更得意。工作上,主管分配给他的基金,总是一些冷门的投资项目,业绩上很难有所突破,他也不生气。

现在他在另一家公司的行销企划部如鱼得水,他说:"多亏那个主管以前那样对我,否则我现在只能做研究分析员。他的态度逼我走出另一条路,很谢谢他的造就。"

当我们扭转想法,就可以驱除失败所带来的负面情绪。若让负面思考及恐惧侵蚀心灵,只会让整个世界剩下自我怀疑和恐慌而已。可是,一旦我们懂得如何控制自己的负面态度,不让其持续扩大,同时开始懂得正面思考,就可以将"棍子"转变为"令牌",使我们化不可能为可能。

一切再令人难堪的事情,只要是朝着正确的方向前进,都会成为好事。

大大小小的错误,可能会吓住许多人,心中不禁产生"一朝被蛇咬,十年怕井绳"的恐惧感。其实,这大可不必。失败也是一个成果,需要你仔细诊断。对此,发明大王爱迪生似乎比所有人都认识得更深,实践得更好。爱迪生为了得到一个正确的结果,实验时出过上百次错误,但他正是在错误中找到了正确的理论方向。

爱迪生在电灯的发明上失败了无数次。某次为了寻找最合适做灯丝的材料再次失败后，他的助手叹口气说："唉，又失败了。""不，"爱迪生轻松地说，"错了！这是我们又成功地找出了一个不适合做灯丝的材料。"

把失败看成是一次富有正面意义的成果，从失败中有所收获，这是成功者所需具备的一种绝佳心态，他们最懂得"失败乃是成功之母"这句话，往往会在失败的教训中获益，然后从失败中走向成功，之前的失败经验反而是最辉煌的转折点。

当然，关键是你要在这次失败中吸取教训，下次不再犯同样的错误。只有愚蠢至极的人才会在同一个地方被同一块石头绊倒两次，这样的人当然也学不会从失败中汲取教训，只会反复让自己陷入失败。

以下是常见的失败原因，请找出你身上曾经出现过的那几项，并下定决心使它离开你：

(1) 浑浑噩噩，生活缺乏明确目标。

(2) 缺乏自律，饮食无法自我节制或对周围环境漠不关心。

(3) 缺少雄心壮志。

(4) 因消极人生观和不良饮食习惯造成的疾病。

(5) 儿时的不良影响。

(6) 缺乏坚持到底的毅力。

(7) 情绪起伏过大。

（8）时常妄想不劳而获。

（9）即便机会近在眼前，仍然无法迅速做出决定。

（10）婚姻生活不幸福或工作不顺利。

（11）与人言谈，总措辞不当且缺乏耐性。

（12）虚掷光阴和金钱。

（13）无法和人融洽相处与合作。

（14）缺乏洞察力和想象力。

（15）受挫时报复欲望强烈。

第三章

努力，是有惯性的

不要惊讶一个人对你的肯定和信任，那都是你自己用认真和努力争取来的。更不要埋怨别人用一件事否定你，只怪你给了别人否定你的机会。你要养成努力的惯性——旺季也好，淡季也罢。

1. 不因小而失大，不因少而失多

许多白手起家而事业有成的人，在小学徒或小职员时代就能以最高的热忱和耐心去面对上司给予他们的"小工作"，这是非常普通的事实。我们不可能用数量来衡量工作的大小，"大往往在小之中"。

有位女大学生，毕业后到一家公司上班，只被安排做一些非常琐碎而单调的工作，比如，早上打扫卫生，中午预订盒饭。一段时间后，女大学生便辞职不干了。她认为，她不应该蜷缩在"厨房"里，而应该上更大的"厅堂"发挥。

可是一屋不扫，何以扫天下。一个普通的职员，即使有很好的见解，想要被重用，也要受一段不短时间的煎熬，最重要的是要努力做出能让别人倾听到自己意见的资格和成绩，在别人眼里，你才能举足轻重，不易被忽视。

因此，从小事做起的工作，年轻时就应努力去做好。

第三章
努力，是有惯性的

曾有一位人事部经理感叹道："每次招聘员工，总会碰到这样的情形：本科生与大专生、中专生相比，我们也认为本科生的素质一般比后者高。可是，有的本科生自诩为天之骄子，到了公司就想唱主角儿，强调待遇。别说挑大梁，真正找件具体工作让他独立完成，却往往拖泥带水，漏洞百出。本事不大，野心却不小，还瞧不起别人。大事做不来，安排他做小事，他又觉得委屈，埋怨你埋没了他这个人才，不肯放下架子干。我们招人来是工作、做事的，不成事，光要那本科生的牌子干吗？所以有时候，本科生、大专生、中专生相比之下，大专生、中专生反而更实际，更有用。"

现在，社会上有的企业急需人才，而有的大学生却被拒之于门外，不受欢迎，不被接纳，对此现象，该人事部经理算是道出了其中部分缘由。

真正伟大的人生价值在于平凡，真正的崇高在于普通。最平凡，最普通却又是最伟大，最崇高。从普通中显示特殊，从平凡中显示伟大，这才是做人做事之道。

小事，一般人都不愿意做。但成功者与碌碌无为者最大的区别，就是他愿意做别人不愿意做的事情。一般人都不愿意付出这样的努力，可是成功者愿意，因此他获得了成功。

别人不愿意端茶倒水，你就要端出水平；别人不愿意洗刷马桶，你就要刷得明亮；别人不愿意操练，你就要加强自我操练；别人不愿意做准备，你就要多做准备；别人不愿意付出，你更要多付出。

每一件别人不愿意做的小事，如果你都愿意多做一点，你的成功率一定会高。

因此，成功最重要的秘诀，就是去做别人不愿意做的小事。

做事不可以被大小限制，被时间限制，被空间限制。"人生三不朽，曰立德、立功、立言。"因而，需要具有超越自我、超越时空的观念，跳出大大小小的圈子，成就最普通而又最特殊，最平凡而又最高尚，最渺小而又最伟大的事业。

一个矿泉水瓶盖有几个齿？

固然我们经常喝矿泉水，但你不会在意，刚刚拧开的那瓶矿泉水，瓶盖上会有几个齿。假如，我拿这个题目考你，你一定会嗤之以鼻，因为这个题目太无厘头了。

一家电视台做了一期人物访谈，嘉宾是宗庆后。知道宗庆后的人可能不多，但几乎没有人没喝过他的产品——娃哈哈。这个42岁才开始创业的杭州人，曾经做过15年的农场农民，栽过秧，晒过盐，采过茶，烧过砖，蹬着三轮车卖过冰棒儿……在短短20年时间里，他创造了一个贸易奇迹，将一个连他在内只有三名员工的校办企业，打造成了中国饮料业的巨无霸。

关于他的创业、关于娃哈哈团队、关于民族品牌铸造……在问了若干个大家感兴趣的题目后，主持人忽然从身后拿出了一瓶普通的娃哈哈矿泉水,考了宗庆后三个题目。

第一道题目:"这瓶娃哈哈矿泉水的瓶口,有几圈螺纹?"

"四圈。"宗庆后想都没想,回答道。主持人数了数,果然是四圈。

第二道题目:"矿泉水的瓶身,有几道螺纹?"

"八道。"宗庆后还是不假思考地一口答出。主持人数了数,只有六道啊。宗庆后笑着告诉她,上面还有两道。

两道题目都没有难倒宗庆后,主持人不甘心。她拧开矿泉水瓶,看着手中的瓶盖,沉吟了片刻,提了第三道题目:"你能告诉我们,这个瓶盖上有几个齿吗?"

观众都诧异地看着主持人,不知道她葫芦里卖的是什么药。很多人赶到电视录制现场,就是为了一睹传奇人物的风采,有的人还预备了很多题目,向宗庆后现场讨教呢。可是,主持人竟将宝贵的时间,拿来问这样一道无聊题目。

宗庆后微笑地看着主持人,说,"你观察得很仔细,题目很刁钻。我告诉你,一个普通的矿泉水瓶盖上,一般有18个齿。"

主持人不相信地瞪大了眼睛,"这个你也知道?我来数数。"主持人数了一遍,真是18个。又数了一遍,还是18个。

主持人站起来,做最后的节目总结:"关于财富的神话,总是让人充满好奇。一个拥有170多亿元身家的企业家,治理着几十家公司和两万多人的团队,开发生产了几十个品种的饮料产品,需要逐日决断处理的事务何其繁杂?可是,他连他的矿泉水瓶盖上有几个齿，都了如指掌。也许我们可以从中看到，他是如何一步一步走向成功的。"

人们恍然大悟，场上响起热烈的掌声。

不因小而失大，不因少而失多。抛弃大小的竞争，抛弃高下的念头，抛弃富贵的欲望，而一心一意从小事做起，就是洗厕所、扫大街，也会比别人打扫得更干净。

埋怨自己工作价值渺小的人，当给他们一份棘手的工作时，他们往往退缩而不敢接受。具有十成力量的人，去做仅仅需要花费一成力量的工作，就能凸显生命的意义和悠闲的心情。在长远的人生中，这种生命的意义和悠闲的心情有深远的影响。

有人说："中国绝不缺少雄韬伟略的战略家，缺少的是精益求精的执行者；绝不缺少各类管理制度，缺少的是对规章条款不折不扣的执行。卫星要上天，马桶也要光洁如新。"

2. 干得不一定要比对手好，但至少要比同事强

很多时候，我们心里会想：我已经努力改进了，也取得了不小的进步，可以放松一下了。自己与自己的过去比，是完全应该和必要的，我们应该看到自己的进步，坚定自己前行的信心，但是请别忘了，还要抬头看看四周：其他人干得怎么样？

速度决定一切。观察一下你的周围，你就会发现，那些能干的人身上都有一个共同点，那就是动作迅速。

当然，他们是把握和判断好了先后次序之后才开始处理那些事务，所以看上去动作是那么迅速。但是不管怎么说，工作过程中存在着某种令人舒心的节奏，这种节奏感让人觉得他是那么身手敏捷。

从某种程度上来说，在商界拼搏，急性子的人更容易出人头地。

当你的上司吩咐你做一项工作的时候，一定会告诉你一个截止的时间："在××号之前完成。"如果没有这样告诉你，那是上司忘记说了，你要自己主动确认。

　　这里要奉劝一句：一定要赶在截止日期之前提前完成，哪怕是提前一天也好。与其遵守时日追求完美，不如提前迅速完成，哪怕是"拙速"也没有关系，这一点是关键。因为尽快提交给上司，得到上司的意见更为重要。

　　此时你和上司之间的关系，便是客户之间的关系。也就是说，上司是你的主顾。对方是不是很满意？如果不满意，什么地方需要修改？认真理解这些之后，再按照对方的意思进行调整。算上这些修改的时间，也不要把工作拖到快要到规定时间的时候。

　　如果拖到规定的时间才提交，上司虽然感到不满意也能过关，也许还会亲自动手修正一下。如果提前一两天提交，就会得到上司具体的指示："这里和这里，我有些不满意。"然后只要更正一下被指出来的部分就可以了。于是，你在上司眼中的印象就是："这人做事很快！"

　　这就是商业社会的价值观。跟那些慢慢调查客户咨询意见之后再做回答的人相比，四处奔走、时刻牢记、快速反应的人则要更胜一筹。

　　生存、发展的机会可能只有有限的几个，却往往会有一大群人去拼抢，只是尽力是不够的。要优秀，就要比别人跑得快！只要觉得好，就立刻付诸行动，这就是果决精干，这一点至关重要。

　　两个人一起去山里面游玩，正当他们兴致勃勃地欣赏山中的美景时，突然发现一只熊正在离他们不远的地方盯着他们。

两个人都十分害怕。因为他们手无寸铁，根本谈不上与熊搏斗并将其打死。

此时，其中一人在短暂的害怕之后，稍微镇定了一下，迅速弯腰下去把鞋带系好，做好逃跑的准备。

另一个人对他说："你这样是没有用的，你不可能跑得比熊快。"

那个准备跑的人回答说："我不需要跑得比熊快，我只要跑得比你快就行了。"

——在这里，我们姑且不去谈论道义上的问题。只需要记得：当面临别无选择的困境时，我们只有力争比对手跑得快，才可能让自己获得最好的处境！

再来仔细分析一下：那个准备逃跑的人面临的选择有以下几个：

（1）不逃跑，被熊吃掉；

（2）逃跑，被熊吃掉；

（3）逃跑，得以生还。

在这些选择里面，如果选择逃跑，会有生还的机会；假如，他的朋友选择不逃跑，生还的机会必然属于他；若他的朋友选择逃跑，就需要一个附加的条件——他跑得比自己的朋友快，这样才会生还。

所以，在这一博弈过程中，他只有比朋友跑得快，才能够生存。

在残酷的生存竞争中，知道谁是你真正的竞争对手非常关键。有时候你干得不一定比对手好，但至少要比同事强。今天与昨天相比，我们很容易满足，因为我们可以看到自己的进步，这是必要的。但我们还要同别人比，看看自己的相对速度。

在这个世界上，我们要想确定自己的位置，必须采用参照物，人都是在比较中生存的。换句话说，就如同我们一群人后边追着一群狼，只要你跑不过别人，倒霉的就是你。

3. 生来一诺比黄金，哪肯风尘负此心

顾炎武曾以诗言志："生来一诺比黄金，哪肯风尘负此心"，表达自己坚守信用的态度。言必信，行必果。不但是对人的尊重，更是对己的尊重。

"君子一言，驷马难追"，讲的是做人信用度。一个不讲信用的人，是为人所不齿的。现在的生意场上，公司、企业做广告做宣传，树立公司、企业在公众中的形象，就是想提高公

司、企业的信用度。信用度高了，人们才会相信你，和你有来信，成交生意，你办事才会容易成功。

人无信不立。信用是个人的品牌，是办事的无形资本。有形资本失去了还可以重新获得，而无形资本失去了就很难重新获得了。办事再困难也不能透支无形资本。

诸葛亮有一次与司马懿交锋，双方僵持数天，司马懿就是死守阵地，不肯向蜀军发动进攻。诸葛亮为安全起见，派大将姜维、马岱把守险要关口，以防魏军突袭。

这天，长史杨仪到帐中禀报诸葛亮说："丞相上次规定士兵100天一换班，今已到期，不知是否……"诸葛亮说："当然，依规定行事，交班。"众士兵听到消息立即收拾行李，准备离开军营。忽然探子报魏军已杀到城下，蜀兵一时慌乱起来。

杨仪说："魏军来势凶猛，丞相是否把要换班的4万军兵留下，以退敌急用。"诸葛亮摆手说："不可。我们行军打仗，以信为本，让那些换班的士兵离开营房吧。"众士兵闻言感动不已，纷纷大喊："丞相如此爱护我们，我们无以报答丞相，决不离开丞相一步！"蜀兵人人振奋，群情激昂，奋勇杀敌，魏军一路溃散，败下阵来。

诸葛亮向来恪守原则，换班的日期来到，即毫不犹豫地交班，就是司马懿来攻城也不违反原则。他以信为本，诚信待人，终于成就了一世英名。

当朋友托我们给他办事时，我们能提供帮助是在情理之中。但是，办事要量力而行，不要做"言过其实"的许诺。因为，诺言能否兑现除了个人努力的问题，还有一个客观条件的因素。平时可以办到的事，由于客观环境变化了，一时又办不到，这种情形是常有的事。因此就需要我们在朋友面前不要轻率地许诺，更不能明知办不到还打肿脸充胖子，在朋友面前逞能，许下"寡信"的"轻诺"。

当你无法兑现诺言时，不仅得不到朋友的信任，还会失去更多的朋友。

有一个年轻人在银行工作。他过去的老师想开一家公司，却缺少资金，便去问他能不能帮忙贷款。他想："这是老师第一次找自己帮忙，怎么能拒绝呢？"当即一口答应。可是，他毕竟刚参加工作不久，还没取得说话的资历，老师的贷款请求又不完全合乎规章，所以，当老师租好门面，请好员工，等着资金开业时，他这里却拿不出钱来。老师得知后大怒，责备他说："你这不是捉弄我吗？你即使不想帮我，也不该害我！"他只能暗地里苦笑。

有些人是不好意思拒绝别人而向他人承诺，而有些人则喜欢胡乱吹嘘自己的能力，随随便便向别人夸下海口，承诺自己根本办不到的事情。结果不但事情没有办成，自己的人缘也搞臭了。

某厂职工小方，经常向同事炫耀自己在市房管所的人脉，说自己能办房产证，而且花钱少、办事快。开始人们还信以为真，有些急于办理房产证的同事便交钱相托，但时过多日，不见回音，他们问到小方，小方只说："近来人家事儿太多，再等等。"拖的时间长了，同事们对他的办事能力产生怀疑，便向他要钱，他推脱说："谋事在人，成事在天。懂不懂？你的事儿虽然没办成，可我该跑的跑了，该请的请了，你不能让我为你掏腰包吧？"言下之意，钱是不还了。

从此以后，小方的话再也没人信了，以至于人们在闲暇聊天时，只要小方往人群里一站，大伙好像有一种默契似的，始而缄默不语，继而纷纷散去。

既然许下诺言，无论刀山火海都不能反悔——你不能言而无信。所以有些犹豫时干脆不要轻易向人承诺——不轻易向人许诺你可能办不到的事——这是不失信于人的最好方法。

要获得守信的形象并不容易。最要紧的一条是：别答应你无法兑现的事。这不仅是一个主观上愿不愿意守信的问题，也是一个有无能力兑现的问题。一个人经常答应自己无力完成的事，当然会使别人一次又一次失望了。

4. 做最好的自己，即使没有人看得到

"慎独"这个词出自《礼记·中庸》："君子戒慎乎其所不睹，恐惧乎其所不闻。莫见乎隐，莫显乎微，故君子慎其独也。"它的意思是说，在最隐蔽的时候最能看出一个人的品质，真君子，即使在没人的时候也不会显露出恶劣的言行，而是与在人前一样。

所以说，一个人在独处的时候，对自己的行为也要加以检束。而要想做到真正的自我约束，是非常难的。曾国藩在他的《金陵节署中日记》中所说"慎独则心安。自修之道，莫难于养心"，就正是这个道理。

著名漫画家丰子恺先生画过一幅非常能体现"慎独"题材的漫画，画上的题词是"无人之处"。画上的那个人在有人的时候总是戴着一副面具，笑容满面，礼貌客气，但是没有人的时候他将摘下了面具，面目狰狞，令人作呕。

疾风知劲草，烈火见真金。一个人真正的品行，在私下里

才会真正显露出来。

　　杨震是东汉时期的名臣，一次因公外出途经昌邑之地，曾经受到杨震提拔的昌邑县令王密在夜深人静的时候敲开他的房门，献出十两黄金以表达自己对他的感激。杨震拒绝了王密的黄金，王密对杨震说：“半夜三更没有人知道，您就收下吧！这是我的一点心意。”杨震义正词严地回答：“天知，地知，你知，我知，谁说没人知道！”于是，他态度决绝地把黄金退给了王密。

　　元代大学者许衡也有过类似经历。一日，许衡与人结伴外出，天气十分炎热，这一行人口渴难耐。所以在经过一棵挂满成熟果实的梨树时，众人纷纷跑到树下摘梨解渴，只有许衡站在那里一动不动。于是就有人问许衡：“你为什么不摘梨，难道你不渴吗？”许衡回答说：“这不是我的梨，怎么可以随便乱摘呢？”大家讥笑他迂腐，哄笑着说：“世道这么乱，谁还管这棵树是谁的呢！”许衡却不以为然，他说：“世道乱，而我的心不乱，梨虽无主，可我心有主。”

　　“慎独”就是人前君子，人后亦君子，这一点对于修身是非常重要的。坚持“慎独”，就会在“隐”和“微”上下功夫，即人前人后的行为举止都是一个样，不让任何邪恶念头萌发，如此才能防微杜渐，使自己的道德高尚。

人的心中都有善恶的标准，但重要的不是我们心里有善恶，而是在行为中能够遵守内心的标准，不做违反善的行为，尤其是在没有别人监督的情况下。

君子慎独，话虽这么说，但是慎独不该只是先哲和圣贤们的追求，每个人都应该修身养性，管束自己的行为。无论何时何地，在何种处境，都应该时时刻刻注意自己的言行。

要做到慎独需要不断地反省自己，使自己的内心保持清朗透彻，使自己的人格越发坚韧。慎独还是一面盾牌，它可以使人抵御来自方方面面的不良诱惑，可以使人踏实做事，坦荡做人，使得我们这个社会更加文明有序，融洽和谐。

生活中的一些人，平时看起来中规中矩，但一遇到事情，他的本性就暴露无遗，所有的美好形象不复存在，行为举止不再温文儒雅，言谈不再有礼貌，取而代之的是言行粗俗，毫无气质和美德可言。这就是"伪君子"，当面一套，背后一套，表里不一。真正的君子任何时候都是一个样，不会因为有人或没有而改变自己的言行。

慎独是一个人内在品质的试金石，也是人生正己修身的必修课。生活中，难免会有鲜花、掌声和赞美，有时会使人无意间高贵矜持起来。但是慎独却可以警醒自己不可失了分寸，不能没了尺度，久而久之就会成为一种习惯。保持慎独之人往往是表里如一的君子。

慎独是一种宝贵的品德，它如空谷幽兰，即使不在人们的视野范围之内，在高山峡谷中也能坚守自己的本分，保持自己的操守，守着天地，径自绽放，静默飘香。

5. 去掉身上的浮躁之气

"没有人能随随便便成功"，这是一句歌词，也是一条社会真理。

"随便"是指空想、浮躁，只有去掉这些，发扬务实的精神，万丈高楼才能拔地而起。初入社会是一个人的品质和生涯定格的时期，如果你能在这个时期树立起务实的精神，扎扎实实地练就基本功，那么还有什么能阻碍你成功呢？

即使自身具备再优越的条件，一次也只能脚踏实地地迈一步。这是十分简单的道理，然而，很多初入社会的年轻人，在步入社会后，却把这么简单的道理忘记了。他们总想一步登天，恨不得第二天一觉醒来，摇身一变成为比尔·盖茨一样的成功人物。他们对小的成功看不上眼，要他们从基层做起，他们会觉得很丢面子，他们认为凭自己的条件做那些工作简直是大材小用。他们有远大的理想，但又缺乏踏实的精神，最终只能四处碰壁。

任何一个人的成功都不是靠空想得来的，只有踏踏实实一步一个脚印地去尝试、去体验，才能最终取得成功。不管你拥有哪个知名学府的毕业证书，也不管你获得过怎样的荣誉，你都不可能在踏出校门的第一天就获得百万年薪，更不可能开上公司所配的"宝马"跑车，这些都需要你踏踏实实地去干、去争取。如果你不能改掉眼高手低的坏毛病，那么，不但初入社会就会遭遇挫折，以后的社会旅程也将布满荆棘。

20世纪70年代，麦当劳公司看好了中国台湾市场，决定在当地培训一批高级管理人员。他们最先选中了一位年轻的企业家。但是，洽谈了几次，都没有定下来。最后一次，总裁要求那个企业家带上他的夫人来。

当总裁问道："如果要你先去打扫厕所，你会怎么想？"那个企业家立即沉思不语，脸上还现出了尴尬的神情。他在想：要我一个小有名气的企业家打扫厕所，大材小用了吧？这时他的夫人却说道："没关系，我们家的厕所向来都是他打扫的！"就这样，那个企业家通过了面试。

让那个企业家没有想到的是，第二天一上班，总裁就先让他去打扫了厕所。后来他晋升为高级管理人员，看了公司的规章制度后才知道，麦当劳公司训练员工的第一课就是先从打扫厕所开始的，就连总裁也不例外。

第三章
努力,是有惯性的

创维集团人力资源总监王大松曾经说: "年轻人只有沉得下来才能成就大事。无论你多么优秀,到了一个新的领域或新的企业,刚出校门就只想搞策划、搞管理,可是你对新的企业了解多少?对基层的员工了解多少?没有哪个企业敢把重要的位置让刚刚走出校门的人来掌管,那样做无论对企业还是对毕业生本人都是很危险的事情。"

所以,要想获得事业的成功,就先去掉身上的浮躁之气,培养起务实的精神,扎扎实实打好基础,基础打好了,你事业的大厦才可能拔地而起。

戒掉浮躁之气并不困难,只需把自己看得笨拙一些。这样你就很容易放下什么都懂的假面具,有勇气袒露自己的无知,毫不扭怩地表示自己的疑惑,不再自命不凡,自高自大,培养起健康的心态。这有利于更快更好地掌握处理业务的技巧,提高自己的能力,还能给上司和同事留下勤学好问、严谨认真的好印象。

拥有笨拙精神的人,可以很容易地控制自己心中的激情,避免设定高不可攀、不切实际的目标,不会凭着侥幸去瞎碰,也不会为了潇洒而放纵,而是认认真真地走好每一步,踏踏实实地用好每一分钟,甘于从不起眼的小事做起,并能时时看到自己的差距。

认真扎实地去做基础工作,是培养务实精神的关键。越是那些别人不屑去做的工作,你越要做好。工作能力是有层级的,只有从基础做起,处理好小事,才能打好根基,培养起处理大事的能力。

你还要保持一颗平常心，坦然地去面对一切。如果小有成就，也不需太得意，如果遇到挫折，也不要消极失望。"不以物喜，不以己悲"的心态，会使你更加关注自己的工作，并集中精力做好它。

此外，还要切忌急于求成。事业的成功需要一个水到渠成的过程，急于求成可能导致功败垂成。不管你以后从事哪一行哪一业，成功都自有其既定的路径和程序，一步一步地来，成功自然会在不远的地方等着你，想一步登天，成功就会跑得比你更快，你永远都追不上。

6. 以退为进，凡事适可而止

老子曾经说过："夫唯不争，故天下莫能与之争。"这句话的意思是，正是因为你不与人相争，所以天下才没人能够与你相争。

其实，如果我们每一个人在日常的生活与工作中都能够低调一点，以平常心来看待周围的人和事的话，我们就不会被利益所驱使,就能够坦然地面对生活中的一切。特别是当我们与同事为了某个职位或奖金而处于激烈竞争之中时,只要我们无怨无悔地付出了自己的努力,只要我们全力以赴了,不论输赢如何,我们都应该接受现状,适可而止。即便输了,我们也要输得体面,输得有风度,切不可因此而气恼,无端地散布谣言去贬低与我们竞争的同事,这样会使人看不起你,你也会因此而被孤立。

身在职场,常会有不如人意的时候,问题的关键在于,我们该如何去面对困难和不顺。当事情的结果并不是人力所能够改变的时候,我们就不如选择低调——接受现实。与其怨天尤人、徒增苦恼,倒不如适可而止、以退为进,从既有的条件中尽自己的力量和智慧去发掘机会。

即使是对有大志向的人来说,低调做人也并不是苟且偷生,相反,凡事适可而止、以退为进,是一种低调做人的智慧,是一种人生的策略。

在实际的工作之中,我们经常会有与别人意见不一致的时候,如果我们始终都坚持己见,过分地强调自己的正确性,过分地坚持自己的想法,并不一定就能够说服别人赞同我们的看法或意见;相反,如果我们在坚持自己的意见上适可而止,采取一种“退”的策略,反而会更容易获取对方的信任,达到说服他人的目的。

在职场中,当你的意见正确但却无法得到别人的认同时,以退为进地去说服别人,的确能起到很好的效果,因为这种方法刚开始就很容易被人接受，所以，用这种方法说服别人的话，通常都能够取得预想的效果。

富兰克林就曾经用以退为进的方法使得宪法会议产生分歧的双方达成了一致的意见。

有一次，美国的宪法会议在费城举行。会议中，对于宪法的通过分为了赞成派和反对派，两派人员之间讨论得都非常激烈。由于会议的出席者在人种、宗教等方面的差异很大，利害关系也各不相同，所以整个会议的讨论充满着火药味和互不信任的气氛。两派人员之间的言辞都非常尖锐和刻薄，甚至还夹带着人身攻击。

在这样一种情况之下，会议的谈判面临着即将破裂的局面。这个时候，持赞成意见的富兰克林适时地站了出来，他不慌不忙地对在场的所有人员说："事实上，我对这则宪法也并非完全赞成。"富兰克林的话刚一出口，会议纷乱的情形就立即停止了，反对派的人士都用怀疑的眼光看着富兰克林。这时，富兰克林稍作了一下停顿，然后他继续说道："对于这则宪法，我并没有十足的信心，出席本会议的各位代表，也许对于细则还有一些异议，不瞒各位，我此时也和你们一样，对这则宪法是否正确抱有一种怀疑的态度，我就是在这种心境下来签署文件的……"

富兰克林的话，使得反对派们无比激动和不信任的态度慢慢地平静了下来，他们在心里已然同意了富兰克林的看法——

就让时间来验证一下宪法是否正确吧！于是，美国的宪法最后终于顺利地通过了。

试想，如果富兰克林始终坚持自己强硬的态度要求通过宪法的话，必然会使双方的争吵愈演愈烈，最后必然会导致会议的失败。宪法之所以能够顺利地获得通过，就在于富兰克林能够对于自己赞同的态度适可而止，反而以退为进，放弃了自己的坚持。

对于同一件事情，如果你一味地强调它好的一面，就会让对方对你所说的话产生怀疑，就会有不信任的潜在心理。如果这个时候你能够采取一种以退为进的方法，你就会获得对方的信任，从而达到自己的目的。富兰克林正是因为巧妙地利用了这个技巧，一开始讲了一些对自己不利但对方却能够接受的话，反而使对方产生了信任感，顺势也就收获了成功。

身在职场，如果我们的做法或观点得不到别人认可的话，就很难再合作下去。为了圆满地完成工作，我们必须要能够劝说抱有成见的人跟我们达成一致的意见，这就需要我们掌握进退的分寸。记住，凡事一定要适可而止。当你前进却受阻时，不妨先暂时地退让一下，有时候在退让之间，就能够把你对他人的尊重显示出来，从而获得对方好感，进而赢得对方的信任，这时你再亮出自己的观点来说服对方，就简单多了。

就在达尔文《物种起源》一书出版之前，他接到好朋友华莱士的来信，请他为自己写的文稿做个审定。达尔文在看了华莱士的稿子后感到异常为难，因为这个文稿的研究结论与《物种起源》一书中的内容太过接近。这么多年的朋友了，无论这两部稿子谁先发表都会对另一个人造成心理伤害。面对多年的友谊与倾注了自己二十多年心血的稿子，达尔文犹豫了……于是就有人劝达尔文，赶紧把自己的书出了。但达尔文最终还是选择了友谊，他决定把自己的书稿销毁。华莱士知道后很受感动，他坚决地制止了达尔文毁书的行为。此事传出之后，人们在称赞达尔文大度的同时，越来越多的人都知道了达尔文和他的《物种起源》。

在职场中，如果你总觉得自己有理，别人说你一句，你回别人十句的话，只会使矛盾越来越激化，有时候反而会让你失去更多；相反，当我们在争吵中或在竞争中选择退一步时，却会有意想不到的收获。

第四章

努力朝着梦想冲，总能迎来人生的旺季

再聪明的人，也要有积极的行动。只要你有梦想，那就要专注去做，把它做到极致，怕就怕在你光说不练，只要你努力朝着梦想冲，总会迎来人生的旺季！

1. 原地等来的只会是天上掉落的陨石

成功没有秘诀，如果非要说有秘诀的话，那就是立即行动起来。天上是不会掉馅饼的，要掉的话，只有陨石。

张峰还有半个月就大学毕业了。一天，他接到了准备聘用他的那家广告公司打来的电话，说现在策划部急需一个人，如果可能的话两天后就来上班。张峰为此事而感到忧心忡忡，虽然这是他向往已久的一家知名的广告公司，可是此刻他真的没想好到底要不要去。

他的爸爸是个小有名气的企业家。通过关系，张峰已经被当地最有名的一家国有企业录用。据说工作很轻松，用不了两年就可享受公务员的待遇。

两份好工作，让张峰陷入了两难的境地。留在北京意味着在这偌大的城市里，张峰只有靠自己的打拼谋求一席生存的空间，今后的生活面临的无疑是未知的困难与挑战。而回到父母身边，则什么也不用自己操心。难道年轻的自己要这么轻易放弃自己一直以来的理想与追求？周围的同学、朋友众说纷纭，搞得张峰也不知道何去何从。

两天的时间很快就过去了，但张峰还是犹豫。最终，他没有踏进那家广告公司的大门。

在父母的一再催促下，张峰终于踏上回老家的列车。在父母的安排下，张峰糊里糊涂地进入了那家国有企业。上班没一个月，他就开始厌倦这种生活。

张峰辗转反侧很长时间，想要不再给那家广告公司打个电话，或许还有希望。拨通了广告公司的电话，张峰才明白，在犹豫不决中，他早已失去了机会。

失败的人总为自己寻找各种借口。而有意志的人决不会找这样的借口，而是靠自己的行动去赢得机会。他们深知，唯有自己才能给自己创造机会。而一旦有了机会，他们决不放弃磨炼自己、完善自己的机会，正是这样，他们才一步步走向理想之巅。

很多人做事都比较缜密，一件事非要筹划到自己认为万无一失时，才开始行动，刚刚踏入社会的年轻人尤其是这样。其实，人算不如天算，所谓的周密计划往往会使你错失良机。

不管是生活中还是工作中的目标，并非都是"生死攸关"的。而事实上，有许多本来能够成功的事情，都在迟疑、犹豫中消失。很多人一开始行动，步子尚未迈出，就想到消极的一面，想到失败，这种恐惧心理削弱了他们的自信，限制了他们的优势，束缚了他们的手脚，使他们遇事不敢轻举妄动，从而失去机会，流于平庸。

刚踏入社会的年轻人一定会经常说"这样贸然行事，无法达到最好"。其实，人根本无法达到最好，但通过实际行动就可以做到更好。只有行动，才会发现自己的不足，积累弥补不足的经验，也只有行动才能使人进步。因此，最踏实的做法就是大胆向前，想做什么就去做，进而去实现自己所向往的目标，完善自我或完善生活的目标。只要向着你的目标大胆地行动起来，生活就会走上正轨并使自己创造奇迹。

当然，在行动中去学习，付学费也就不可避免。就像你走路，你总不能怕摔跤而不去学习走路。每个成功人士都敢于尝试、敢于冒险、敢于做前人未做过的事。其实，尝试、错误，尝试、错误……再尝试直至成功，这正是学习和进步的唯一途径。

不要犹豫，行动起来，就有了希望。只有在行动中尝试，改变，再尝试……才会达到成功。有的人成功了，只因为他比我们行动得更早、犯的错误更多、遭受的失败更多。"没有行动的地方，就绝对没有成功"。停止行动之日，便是完全失败之时。

2. 八十分，就可以

人的性格是迥异的，有人喜欢拖延，有人当机立断，还有一类人事事追求完美，我们可以称他们为完美主义者。

完美主义者心中有一个不灭的目标——追求完美。这个意念萦绕在他们的心头，促使他们一生都朝此奋斗不息。但是，他们给完美所下的定义不同于一般人所说的完美，一般的人给完美下的定义是"十全十美"，他们追求确定、精确的"完美"，非常仔细地注意事物的每一个细微之处，有时竟达到吹毛求疵的地步。由于他们的这种态度，使得他们在处世时十分谨慎、不愿意轻易地下结论，但选定某个目标时就显得十分投入。他们自认为自己的生活与别人有十分的不同——他们认为自己的生活至少大致看来是完美的，自己的人格也是无可非议的。因此完美主义者对其他人给自己的评价显得过度敏感，对待这些评语的态度也容易走向两个极端，一是完全放弃，二是神经质似的严重自我失控。

某家出版社的老板计划出版一本大型统计资料集，由于他相当重视数据部分的视觉设计效果，所以除了编辑人员之外，另外还找来两位设计人员参与编辑工作。因为当时的电脑绘图技术尚未完备，设计人员是以描画数据的方式制作完稿的。这样的作业方式相当费功夫，因此花费了不少时间。

原本这老板认为，所要出版的是最新的资料集，所以就算内容繁杂也无所谓，只要能在六个月内完成就好。但是设计人员为求完美，要求十个月的制作时间。而总编辑因为有过辞典编辑的经验，也希望能制作出最完美无疏漏的作品。

一年后，完稿的部分只有八成左右，这案子出现了夭折的危机，而且他们整理的资料已经有别的出版社做出来了。此时就算继续完成似乎也没什么意义，结果所投下的金钱和人力全部付诸流水。

除了必须化费长时间进行编订的辞典之外，一般来说，出版工作应以时效性为大前提，其他行业也一样。在这个迅速变化的时代里，效率是决定事业是否成功的最大条件。虽然在艺术创作或学术论文方面，某些方面成果的完美与否比速度的快慢来得重要，但是在一般的商业上，时间就是一切。在所限定的期限内尽可能地要求工作表现得完美，可以说是商业往来的原则。

所以，工作的态度必须是一开始要求完美，但最后只需做到八成即可，剩下的两成则留待下次的工作完成。

　　如果我们仔细观察身边一些真正忙碌的人，将可发现他们多半是擅于运用激励，以不拖延的态度积极努力的。

　　真正忙碌的人擅于运用时机，和"真正忙碌的人不会瞎忙"是同样的道理。要想同时活跃于许多舞台，就不能老是回顾已经完成的工作，对于不尽完美之处，应该以乐观的态度等待下次伺机改善。光是烦恼这样不好、那样不对，只会徒增压力，无法为下次的工作机会酝酿充分的干劲儿。

　　主张完美主义和天生动作迟缓的人，必须设法借由工作的磨炼克服自己动作慢的毛病，每日多处理期限性的工作，行动力也就自然会渐渐提高。

　　许多成功人士的处事原则是工作开始时一定要要求完美，但只要达到一定的水准便应该满足；就算遇到问题，只要能牢记在心，作为下次的参考即可，不需要过度在意。这种"八十分就可以"的心态，也就是让自己熬过漫长艰苦工作的秘诀。

　　想要在这个充满压力的时代中活得轻松快活一些，试着让自己凡事抱持着"尚可"的态度是非常重要的。

　　所谓力求不拖延应该是在执行工作之时，而非最初的计划阶段。如推出何种商品，该采用什么样的销售方式等工作计划，必须尽可能收集完美的信息，一旦开始执行各项事务，难免会发生种种状况，即使结果与预期相反也是家常便饭。为了突破这些障碍，事先预设可能会有二十分的误差，也就是"不拖延"的态度，是很重要的。

　　盲目地追求完美并不是好的方法，关键问题是要在保证工作质量的基础上拥有更高的工作效率。一张单子做得再完美，它也不会变成两张，只有想方设法签到更多的单子，工作效率才能提高，工作业绩才能上得去。所以不要在一些不必要的问题上花费太多的心思以追求所谓的完美。作为一名员工，永远要记住一条，那就是：公司追求的是效益，只有获得最大的效益才是最完美的结果。

在工作中，我们不用把事事都做到最好，因为即使那样不会产生负面效应，对工作的整体评价也不会有太大的好处。把重要的事情解决好，让自己的能力之箭射得又远又准，这样，我们的工作就算已经做得很出色了。

3. 生活永远不会令人百无聊赖

拖延会让你变成一个厌倦生活的人。事实上，生活永远不会令人百无聊赖，但是现实生活中，很多人总感到一种无聊和厌倦。这很大程度上是因为你未能积极有效地利用自己现在的时间。

深夜,一个危重病人迎来了他生命中的最后一分钟,死神如期来到了他的身边。在此之前,死神的形象在他脑海中几次闪过。他对死神说:"再给我一分钟好吗?"

死神回答:"你要一分钟干什么?"他说:"我想利用这一分钟看一看天,看一看地。我想利用这一分钟想一想我的朋友和我的亲人。如果运气好的话,我还可以看到一朵绽开的花。"

死神说:"你的想法不错,但我不能答应。这一切都留了足够的时间让你去欣赏,你却没有像现在这样去珍惜,你看一下这份账单:在60年的生命中,你有三分之一的时间在睡觉;剩下的30多年里你经常拖延时间;曾经感叹时间太慢的次数达到了10000次,平均每天一次。上学时,你拖延完成家庭作业;成人后,你抽烟、喝酒、看电视,虚掷光阴。"

"我把你的时间明细账罗列如下:做事拖延的时间从青年到老年共耗去了36500个小时,折合1520天。做事有头无尾、马马虎虎,使得事情不断地要重做,浪费了大约300多天。因为无所事事,你经常发呆;你经常埋怨、责怪别人,找借口、找理由、推卸责任;你利用工作时间和同事侃大山,把工作丢到了一旁毫无顾忌;工作时间呼呼大睡,你还和无聊的人煲电话粥;你参加了无数次无所用心、懒散昏睡的会议,这使你睡眠远远超出了20年;你也组织了许多类似的无聊会议,使更多的人和你一样睡眠超标;还有……"

想想看，拖延真的是浪费时间、浪费生命的最好办法。

拖延时间的人往往虚度光阴、无所事事，这样的生活状态必然让你感到厌倦生活。仔细想想，你手头上的很多工作压在桌上，你的身体逐渐发胖却毫无办法，你对这座城市一直心存反感，每天忙忙碌碌却丝毫体会不到人生的乐趣，这样的生活状态你能不厌倦吗？连死神听了都会皱眉头，拖延的你往往是忙于逃避痛苦而不是追求真正的快乐。

有一个著名的美国将领名叫乔治·布林顿·麦克莱伦。他曾是西点军校优等生。科班出身的他善于充分准备，在南北战争时期，由于系统改造了北方军队的后勤使他名声大噪，最后被提拔为北方军总司令，还被誉为"小拿破仑"。

可是，新任将军在其后屡次被"不打无准备之仗"的理念所拖累。先是以准备不充分为由拒绝进攻而与总统闹僵，后来又由于过分谨慎不愿追击多次丧失胜利的机会。

1862年，在美国南北战争中一次决定性战役"安提坦战役"中，有一个绝佳的机会可以夺取里士满，但他犹豫再三，认定自己被南方军堵截而失去了机会。之后他再度踌躇不决，最终在兵力两倍于敌军的情况下错失全歼南方军队的机遇，战争因此又被拖延了三年才宣告结束。

他永远都在请求林肯给他新的武器，永远觉得没有足够的士兵，士兵们永远都不够训练有素，装备永远不够精良。林肯曾抱怨说："如果麦克莱伦将军不想好好用自己的军队，我宁愿把他们都借给别人。"联邦军总将军亨利·哈列克则认为他"有一种超越任何人想象的惰性，只有阿基米德的杠杆才能撬动这个巨大的静止"。这一切摧毁了军政界对麦克莱伦的信任，最终使他被众口交贬，解除军职。

喜欢拖延的人往往意志薄弱，他们或者不敢面对现实，习惯于逃避困难，惧怕艰苦，缺乏约束自我的毅力；或者目标和想法太多，导致无从下手，缺乏应有的计划性和条理性；或者没有目标，甚至不知道应该确定什么样的目标。另外，认为条件不成熟，无法开始行动也是导致拖延的原因之一。

对每一个渴望有所成就的人来说，拖延是最具破坏性的，它是一种最危险的恶习，它使人丧失进取心。一旦开始遇事推脱，就很容易再次拖延，直到变成一种根深蒂固的习惯。

那么你有拖延症吗？下面我们可以用一个小测试来进行诊断：

（1）认为自己5天之内可以做完一件事情，所以在离期限还有15天的时候一点不着急，直到最后只剩5天了才开始。

（2）每次开工都要整点开始，一点半、两点、两点半，却迟迟无法动手。

（3）从工作清单中挑最不重要的事情做；越重要的工作越拖延得久；越临近deadline（截止时间），越想做其他事。

（4）在决定静下心来做最重要的事时，还要先跑去冲杯咖啡，总是等待"好心情"或"好时机"去做重要的工作。

（5）不容许别人占用或浪费自己的时间，而自己却不珍惜时间。

（6）本来在着手一项工作，一有什么欲望和想法，就抛下手中工作去干下一件。

如果上面的问题，自身有4种现象存在，那么证明你有拖延症。

4. 做些分外的工作不吃亏

有惰性的人不仅仅表现在自己分内的事情拖拖拉拉，他们更害怕多做哪怕一丁点儿分外的工作。但事实告诉我们，职场中升迁最快的往往是那些不挑工种，什么活儿都抢着干的人。能力越大，工作越多，职位越高，在老板的心中也就越重要。

在公司中，当你接受一项自己并不喜欢的工作或者顶替他人的位置做一些非自己工作范围内的事情时，不要抱怨，不要心理失衡，你应该努力去做，多做一些，就能多学一些，多了解一些企业整体运作的情况。如此一来，你才会拥有更多的表演舞台，从而充分发挥自己的才华，提高自己在企业的地位和威信，而且还可能因此找到自己更具竞争力、更具优势的地方，而老板需要的也正是"不怕吃亏"、认为"吃亏是福"的员工。

老刘在一家超市任总经理，有一天晚上，公司有十分紧急的事，要发通告信给所有的营业处，所以需要全体员工协助。不料，当部门主任把这个安排转达给下面的职员，要求他们去帮忙装信封时，一个叫焦文的职员极不情愿地说："我还有其他事情呢。再说了，这不是我的工作，我到公司不是做装信封工作的。"老刘在不远处看到了这一幕，于是走到焦文面前，平静地说："既然这不是你分内的事，那就请你另谋高就，找你的分内之事去吧！"

焦文由于不愿做分外的事，最终失去了工作。其实，有很多员工没有做分外事的意识，他们觉得那样做自己会吃亏。殊不知，作为一名优秀的员工，只要与工作相关，只要事关公司利益，无论是分内的还是分外的工作，都会努力做好。

任何一个勤奋努力、有进取心的人，都不会介意在做好自己分内工作的同时，尽自己所能每天多做一些分外的事情。多做一些有利于他人、有利于工作的事情，将使你得到比他人更多的成功机会。

梅琳在一家企业担任秘书，她每天的工作就是整理、誊写和打印一些材料，许多人都觉得她的工作枯燥乏味。但是梅琳并不这么认为，她觉得自己的工作非常有趣有价值。她说检验工作完成好坏的标准并非你做得是否好，而在于你在工作中是不是能发现他人没有发现的问题、方法以及其他一些东西。

梅琳每天都认真仔细地做着自己的工作，时间长了，细心的她发现企业的文件里有许多问题，甚至企业的经营运作也有问题。因此，除了完成每日必须要做的工作以外，梅琳还认真地搜集一些资料，甚至是过期的资料，她还查阅了许多经营、销售等方面的书，将这些资料整理分类，然后进行分析，针对公司经营运作中的问题写出自己的建议。最后，梅琳将打印好的分析结果以及相关资料一齐交给了总裁。

总裁读了梅琳的建议后，着实吃了一惊，一位年轻的秘书竟然有如此缜密的心思，而且分析得井井有条、细致入微。总裁很是欣慰，他认为这种员工是不可多得的人才，是企业的未来。之后，公司采纳了梅琳的许多建议。

梅琳赢得了总裁的器重，获得了提升。她认为自己只是比平常的工作多做了一点点而已，可总裁却认为她为企业做出了卓越的贡献。

像梅琳这样出色的员工，在高效地完成自己的分内工作后，总是能主动地帮助同事与上司做好属于集体以及企业的工作。这样的员工总是能与上司或同事达成共识，抱定同一个目标，坚守同一个信念。他们认为，一切工作都是自己的或者与自己相关的。正是这种意识和行动，成就了他们勤奋认真的工作态度、积极高涨的工作热情以及努力拼搏的进取心。

如今，许多员工总是将上司放在与自己相对立的位置上，将工作和酬劳算计得一清二楚、明明白白，不愿多付出一丝努力，不愿多做一丁点儿事情，或者说是做了就得计较能得到多少报酬。就像那个焦文一样，他不觉得多做些工作会为自己带来什么，就觉得那是吃亏。

那么，这样的思想延伸的结果就是消极、懈怠、没有热情、马马虎虎、漠不关心，最终我们也看到了：他被解雇了。

做一些分外的工作真的不吃亏，如此一来，你才可能成为梅琳那种企业最有价值的员工，而不是像焦文一样被"炒鱿鱼"。

5. 有了计划再行动

人们之所以会浪费时间，就在于他们没有想到自己是时间的主人，没有养成善于利用时间的好习惯。而这种习惯是一个人做人、做事、做学问的根本。但你若没有这一良好的习惯，经常地浪费时间，消耗生命，其结果则是难以想象的。

一位富翁买了一幢豪华的别墅。从他住进去的那天起，每天下班回来，他总看见有个人从他的花园里扛走一只箱子，装上卡车拉走。

他来不及叫喊，那人就走了。这一天他决定开车去追。那辆卡车走得很慢，最后停在城郊的峡谷旁。

陌生人把箱子卸下来扔进了山谷。富豪下车后，发现山谷里已经堆满了箱子，规格式样都差不多。

他走过去问："刚才我看见你从我家扛走一只箱子，箱子里装的是什么？这一堆箱子又是干什么用的？"

那人打量了他一番，微微一笑说："你家还有许多箱子要运走，你不知道？这些箱子都是你虚度的日子。"

"我虚度的日子?"

"对。你白白浪费掉的时光、虚度的年华。你朝夕盼望美好的时光,但美好时光到来后,你又干了些什么呢?你过来瞧,它们个个完美无缺,根本没有用,不过现在……"

富豪走过来,顺手打开了一只箱子。

箱子里有一条暮秋时节的道路。他的未婚妻踏着落叶慢慢走着。

他打开第二只箱子,里面是一间病房。他的弟弟躺在病床上等他回去。

他打开第三只箱子,原来是他那所老房子。他那条忠实的狗卧在栅栏门口眼巴巴地望着门外,已经等了他两年,骨瘦如柴。

富豪感到心口绞疼起来。陌生人像审判官一样,一动不动地站在一旁。富豪痛苦地说:"先生,请你让我取回这三只箱子,我求求您。我有钱,您要多少都行。"

陌生人做了个根本不可能的手势,意思是说:"太迟了,已经无法挽回。"说罢,那人和箱子一起消失了。

我们要善于利用每一天的时间,提高人生的效率和质量。时间弥足珍贵,我们不能绝对地延长寿命,但可以通过善用时间的好习惯,来相对地将生命延长。这样就等于增加了生活的"密度",扩充了有限的生命内涵。

我们必须想方设法掌控好自己的工作时间。

努力就是旺季
不努力就是淡季

当你在有限的工作时间内，将所有预定的工作全部做完而且井井有条，不再觉得有许多忙不完的事，不再觉得工作纷繁复杂，还需要经常加班加点，不再会遗忘某些重要事情，那么，恭喜你，你已经有效地掌控了自己的时间，成了时间的主人。

成功者往往在行动之前先做计划，他们有可能在一个月还未开始之前就已经做好了这个月的一切安排。

一个人只要能做出一天的计划、一个月的计划，并坚持原则按计划行事，那么在时间利用上，他就已经占据了自己都无法想象的优势。

成功者认为，如果今天没有为明天的任何事情做计划，那么明天将无法拥有任何成果！而如果你失去了精力，那么你将没办法把重要的任务做到尽善尽美！

生命图案就是由每一天拼凑而成的，成功者们往往从这样一个角度来看待每一天的生活。在它来临之际，或是在前一天晚上，把自己如何度过这一天的情形在头脑中过一遍，然后再迎接这一天的到来。有了一天的计划就能将一个人的注意力集中在"现在"。只要能将注意力集中在"现在"，那么未来的大目标就会更加清晰，因为未来是被"现在"创造出来的。

把每天的时间都安排、计划好，这对你的成功是很重要的，这样你可以每时每刻集小精力处理要做的事。把一周、一个月、一年的时间安排好，也是同样重要的。这样做会给你一个整体方向，使你看到自己的宏图，有助于你达到目的。每个月开始,你可坐下来看本月的日历和本月主要任务计划表。然后把这些任务填入日历中,再订出一个计划进度表。

成功的人,并不能保证做对每一件事情,但是他永远有办法去做对最重要的事情,计划就是一个排列优先顺序的办法。他们都善于规划自己的人生,他们知道自己要实现哪些目标,并且拟订一个详细计划,把所有要做的事都列下来,并按照优先顺序排列,依照优先顺序来做。

当然,有的时候没有办法100%按照计划进行。但是,有了计划,便给一个人提供了做事的优先顺序,让他可以在固定的时间内,完成需要做的事情。

吉姆·罗恩说过:"不要轻易开始一天的活动,除非你在头脑里已经将它们一一落实。"

即使是著名的富人,都非常重视自己的每一天的工作计划,因为只要做好了一天的计划,就能发挥自己的最大能力,制造惊奇。计划是为了提供一个按部就班的行动指南:从确立可行的目标,拟定计划并订出执行行动,最后确认出你完成目标之后所能得到的回报。

他们总是一件事接着一件事去做,如果一件事没有完成,他是不会考虑去做第二件事的。凡事要有计划,有了计划再行动,成功的概率会大幅度提升。

6. 你没听错，人人生而不平等

比尔·盖茨说："生活是不公平的，你要去适应它。"的确，几乎是从我们出生的那一刻起，不公平就显现了出来，有些孩子降生在宾馆一样的病房里，一些孩子则降生在自家黑乎乎的炕头上。到了上学的年龄，一些孩子穿着新衣，背着新书包踏进了美丽的校园，而一些孩子却只能眼睁睁看着别人背着书包暗自伤神。该工作了，一些孩子凭学历、靠关系进了著名的企业，一些孩子没有学历、没有关系，只能以体力劳动来维持生活……

当然，大多数人没有前者那么优越，也没有后者那么凄惨，而是处在一个中间的水平，但是仍然能处处感觉到不公，自己的父母为什么是偏远地区的农民而不是城市里的知识分子？自己大学毕业的时候为什么偏偏赶上国家取消分配工作？为什么到了自己该成家立业的时候房价较几年前翻了数倍？为什么自己拼命工作，而老板却把晋升的职位给了他的一个亲戚？

生活中不公平的事情实在是太多了，很多人为此仇视不公平，背地里唉声叹气，指责抱怨，这或许能解一时之气，但不能改变实质，比尔·盖茨说的方法是"你要去适应它"，你是否曾考虑过如何适应这样的不公？

　　他出生在爱尔兰的一个贫困家庭。7岁的时候，他的父亲忍受不了贫穷，抛弃了他和母亲，而他的母亲没过多久也另结新欢。他成了一个名副其实的孤儿，只能靠自己养活自己。尽管生活艰辛，连温饱都成问题，但他心里却还盼望着有一天能进学校学习。

　　他卖了半年报纸，做了一年的鞋匠，赚了一笔钱后，正式进入一所中学就读。此后，一边学习一边打工。生活的磨砺使他过早地开始成熟，有了一种少年老成的气度。十八九岁时，他进入了一家戏剧学校学习表演，然后他参加了一些电视剧的拍摄，但始终都是担任一些不引人注目的小角色，迟迟没有成名的机会。

　　在妻子的劝说下，他来到了美国加利福尼亚州寻找机会。他的运气很好，被一名导演相中，让他演《斯蒂尔传奇》中的主角斯蒂尔。他成熟的演技和潇洒的风度令大批观众为之倾倒，一时之间，他成了加利福尼亚州家喻户晓的人物。

　　那年他31岁，他就是现在的国际巨星皮尔斯·布鲁斯南。

　　一个人没有好的家境和出身，并不意味着一辈子都要被禁锢在这个小圈子里。自暴自弃、怨天尤人，那都是幼稚可笑的行为，因为残酷的现实不会因为我们的悲观和抱怨主动改变，唯有直面生活，接纳生活赋予我们的不完美，努力地适应，才能够让自己的未来更美好。

1899年7月21日，欧内斯特·米勒·海明威出生在世界五大湖之一的密歇根湖南岸，一个叫橡树园的小镇。

家里一共有六个孩子，海明威是第二个。母亲很有修养，热爱音乐。父亲是一位杰出的医生，又是个钓鱼和打猎的能手。海明威3岁时，父亲给他的生日礼物是一根渔竿儿；10岁时，父亲送给他一支一人高的猎枪。父亲的影响使海明威终生充满了对捕鱼和狩猎的热爱。

14岁时海明威在父亲支持下报名学习拳击。第一次训练，他的对手是个职业拳击手，海明威被打得满脸鲜血，躺倒在地。

可是第二天，海明威裹着纱布还是来了，并且纵身跳上了拳击场。20个月之后，海明威在一次训练中被击中头部，伤了左眼。这只眼的视力再也没有恢复。

毕业以后，海明威不愿意上大学，渴望赴欧参战。因为视力的缘故未被批准。他离家来到堪萨斯城，在《堪萨斯报》做了见习记者。

在这里他学到了最初的技巧。《明星报》对于文字有110条不得违反的规定，"要用短句"，"用活的语言"，"用动词，删去形容词"，"能用一个字表达的不用两个字"，等等。海明威专心致志，很快掌握了写作的技巧，并形成了自己的文字风格。

1918年5月，海明威如愿以偿，加入了美国红十字战地服务队, 来到第一次世界大战的意大利战场。

7月初的一天夜里, 海明威的头部、胸部、上肢、下肢都被炸成重伤, 人们把他送进野战医院。海明威的一个膝盖被打碎了, 身上中的炮弹片和机枪弹头多达230余块。

他一共做了13次手术, 换上了一块白金做的膝盖骨。但仍有些弹片没有取出来, 到死都留在体内。

他在医院里躺了3个多月, 接受了意大利政府颁发的十字军功勋章和勇敢勋章, 这时他刚满19岁。

大战后海明威回到美国, 战争除了给他的精神和身体带来痛苦外, 没有带来任何值得高兴的事。旧的希望破灭了, 新的又没有建立, 前途渺茫, 思想空虚。

尽管这样, 海明威依旧勤奋写作。1919年夏秋, 他写了12个短篇, 寄给报社被全部退回。

母亲警告他: "要么找一个固定的工作, 要么搬出去。"海明威从家里搬了出去, 因为什么也改变不了他献身于文学事业的决心。他只想做第一流的、最出色的作家。

1920年的整个冬天, 他独自坐在打字机前, 一天到晚写作。有一次参加朋友们的聚会, 海明威结识了一位叫哈德莉的红发女郎。她比海明威大8岁, 成了海明威的第一个妻子。这时海明威22岁。

1922年冬天, 他赴洛桑参加和平会议时, 哈德莉在火车站把他的手提箱丢失了。手提箱里装着他的全部手稿, 一部长篇、18部短篇和30首诗。这使海明威痛苦万分又毫无办法, 只能重新开始。

1923年，海明威的第一部著作《三个短篇和十首诗》在法国的一个非正式出版社出版。总共只印了300册，在社会上毫无影响。

作为记者，海明威很受欢迎。但他呕心沥血写成的小说，却没有报刊肯用。尤其令他伤心的是，退稿信上总是称他的作品为"速写录"、"短文"，甚至说是"轶事"，根本就不把他的稿件看成是文学创作。1924年，海明威辞去记者工作，专门从事文学创作。他没有固定的收入，又要养活刚出生的儿子，生活艰难可想而知。

1925年是海明威最为穷困潦倒的一年。妻子已经带着儿子离开了他。他除了通宵达旦地写作，只能把看斗牛当作娱乐。

第二年，海明威与波林结婚后不久，他的第一部长篇小说《太阳照常升起》问世，立即博得了一片喝彩声，被翻译成多种文字，成了20年代那一代人的典范之作。

这部小说用美国女作家斯泰因的一句话"你们都是迷惘的一代"作为题词，从而产生了一个文学流派——"迷惘的一代"，而海明威就成了这个流派的代表。

普希金有一首我们都非常熟悉的短诗《假如生活欺骗了你》："假如生活欺骗了你，不要忧郁，不要愤慨；不顺心时暂且忍耐。相信吧，快乐的日子将会到来。"

生活是不公平的，如果我们无法适应，因此怨天尤人，不敢面对现实，没有足够的勇气去接受现实的挑战，整天活在忧郁之中，那么我们等于被生活击垮。既然这样，我们不如去思考，如何更好地去适应生活的不公。唯有适应当下的环境，才会有机会去改变自己的处境。

不要奢望自己成为上天的宠儿，假如生活欺骗了你，给了你诸多不公平的待遇，那么请你接受比尔·盖茨的忠告：去适应它。

第五章

淡季也许赚不到钱，
但是可以培养赚钱的能力

每个拼命赚钱的人都惊人地相似：要
赚钱的愿望无可厚非，赚到钱的结果却又
任重而道远——空有赚钱的一腔热情是远
远不够的，脚踏实地地筹谋、切实可行的
手段，才是会赚钱的你所不可缺少的助推
之力！

1. 钱到底算什么

贫穷的人生是不完整的。因为人会没有钱，就必须为了生计而去做自己并不喜欢的事，这时即使是有远大的抱负，也得为五斗米折腰。

很多梦想不能实现的主要原因，往往是造梦者缺钱。贫穷也会使人无法完好地履行自己的责任。

假如你是个公司职员，每日在固定的时间上下班，而且收入在3000元以上，但如果扣除衣食住行的生活成本，所余金钱无几。

如果你并不安于现有的生活水平，那么你就会想办法使你的收入增长——也许达到每个月收入5000元，然而，这又如何呢？

除了日子比以前好过一点之外，你仍无法让家人过得更舒适，身为一家之主的你怎么能不感到悲哀呢？

此时，如果你想赚更多的钱，你就把预期的收入定在2万元，并且为之努力。

　　如果这样追求下去，你或许可以赚到十万、百万乃至千万。

　　相反的，如果你安于现状，没有努力的方向，往往只能勉强维持月收入5000元的水平。

　　贫穷也是社会病的主要根源，是导致不幸和犯罪的最大诱因。大部分家庭的破裂，第一大因素是因为钱。

　　"钱到底算什么?"在一些人的眼中，"堕落"这个名词似乎与穷人无缘，只有财富才会带来罪恶，穷人对富人常有一种莫名其妙的仇视。每当谈到一个富人，总是千方百计找出他的不足来，然后想方设法把他"打倒"，实在不行就竭尽心思把他的名声闹臭，让他身败名裂。这就是穷人们的"仇富"心理——真实地反映了穷人们的金钱观。

　　"钱到底算什么?"对这个问题的不同回答，体现着不同人的金钱观。

　　从某种意义上讲，对钱的看法，决定着你可能会拥有多少财富。

　　下面两个年轻人截然不同的际遇，可以很好地说明这一点。

　　一次不可抗拒的自然灾害，使两个年轻人成为流离失所、相依为命的流浪儿。经历了数月的贫困折磨之后，他们心中升起了同一个愿望——拥有财富。在历经劫难的求生途中，他们幸运地得到了一位智者指点，告诉了他们财富所藏之处。

于是，两个青年日夜兼程，一同奔向财宝之地，但是沿途崎岖坎坷，障碍重重，疲劳和饥渴让他们一次又一次晕倒。然而在潜意识里，捧撒金币产生的碰撞声，让他们一次次打起精神，向前迈进。就在他们到达中途之时，也许是命运之神的有意安排，也许是通向财富之途的艰辛，在一阵暴雨中醒来后，他们同时想起了父亲在世时关于金钱的忠告。

"美好的东西，是一种可以用来帮助世上穷人的工具……"那个曾是富人的父亲总是这样忠告自己的儿子。

"金钱让人与人之间产生了不平等，是万恶之源，是使人堕落的陷阱，是不可多取、肮脏的坏东西……"那个穷人的父亲时常告诉自己的儿子。

回忆起家父生前的忠告，想想脚下通往财富之途的艰险，穷家青年再也不愿意向财富之地前进半步——任凭同伴如何劝说。

之后，那个富家青年得到了大量的财富，并以此为本钱经营起了最大的钱庄，救济了无数的穷人，成为当时最受人拥护的富人。而那个自愿放弃财富的青年，不久却在饥饿和寒冷中凄惨地告别了人世。

在我们的生活中，并不乏像那个穷青年的男人，他们渴望拥有财富，他们不断地想着金钱的好处，同时潜意识里又不断

的欢迎。

1912年，香奈儿趁热打铁又在法国上流社会的度假胜地——诺曼底海边小城开了自己的第一家服装店。很快，她极富个性的运动衫、开领衬衫、短裙、男式雨衣受到了时髦女郎的注意。不仅如此，为了扩大宣传，香奈儿让自己的姐姐穿上自己设计的新式服装，到城里最繁华的地方吸引妇女们的注意，这差不多是最早的一种广告形式了。香奈儿的事业越来越成功了。

1918年，香奈儿的亲密爱人卡佩尔因车祸遇难，但香奈儿依然坚强地发展自己的事业。1924年，她推出了著名的黑色小礼服，掀起了世界服饰的革命。她强调的是舒适性、方便性和实用性。在第一次世界大战期间，男士上战场，女性负起持家工作，职业妇女渐渐兴起，因此需要较实用的服装，香奈儿的服装正好符合这个趋势，她的事业蓬勃发展。

第一次世界大战后她认为手工定做服装不适合大众需要，虽然当时手头上保有约200位名媛的订单（包括伊丽莎白·泰勒、英格丽·褒曼），她还是决定投入成衣这个市场，这让香奈儿成为数一数二的服饰大企业。

香奈儿并没有满足自己取得的成绩，自1920年开始，香奈儿开始提倡整体形象，也就是从头到脚的装扮，包含配件、化妆品、香水。对她来说，一个女人不该只有玫瑰和铃兰的味道，香水会增添女性无穷的魅力。于是，她推出了"香奈儿5号香水"，这是第一瓶由服装设计大师推出的世纪经典香水。

当著名的好莱坞影星玛丽莲·梦露用性感而充满磁性的声音对全世界说："夜里，我只'穿'香奈儿5号。"全世界都为之疯狂了。

很多时候，你只需换一个角度去思考，就会对自己的工作充满兴趣。而发现工作的乐趣，正是保持工作激情的不二法门。因为，我们往往是在爬坡的时候感到干劲十足，充满激情。当爬上山顶的时候，反而觉得迷茫。所以当工作达到一定阶段的时候，就给自己树立新的目标，有了方向、有了动力，自然就能保持高涨的工作热情。

聪明的女人知道，家庭的幸福与否会直接影响工作的好坏，尤其是职业女性，既要打理家庭，还要拼搏于职场。因此，要正确地处理工作和家庭的关系，别把工作上的不如意带回家，因为那样自己不开心，全家人也不开心，最终产生恶性循环。如果自己好好调节一下，尽早恢复过来，就能保持工作的热情和内心的快乐。

可以说，保持快乐的心情是具备工作热情的前提，心情愉快了，做什么事情都有精力和热情，把工作当成一种享受，就能保持工作的热情。有人说，当你每天埋头工作的时候，恰恰是你在书写历史的时候，因为，保持热情的关键就在于你是否有决心每天都更新历史，而不只是简单地重复。

工作热情并不是身外之物，也不是看不见摸不着的东西，它是一个人生存和发展的根本，是人自身潜在的财富。

具体说来，工作热情是一种洋溢的情绪，是一种积极向上的态度，是对工作的热忱、执着和喜爱。它是一种力量，使人有能力解决最难的问题；是一种推动力，推动着人们不断前进。它具有一种带动力，能影响和带动周围更多的人热切地投身于工作之中。

所以，失去工作热情的女人一定要迅速清醒地认识到"培养较高的工作热情"的重要性和必要性，早日摒弃"浮躁、不求上进、茫然"的缺点，树立"积极、正确、乐观"的工作心态，争取在事业上有较快较好的发展。

3. 你和我一样有才华，但我更有责任心

一个人因为有了责任感才能认真履行自己的职责，才能将自己的工作做好。一个人工作完成得好坏，往往就看这个人有没有责任感。有句话说"假如你热爱工作，那你的生活就是天堂，假如你讨厌工作，那你的生活就是地狱"。

现实的生活中，很多人在工作中总是带着一颗玩世不恭的心让自己融入工作，其实公司就是一个磁体，如果你本身不是

带着那种配合的心态进来的，早晚还是会被排斥出去。很多企业中的老板都希望自己的员工是一个有责任心的人，但是对于大多数人而言，工作就意味着完成自己的分内事，然后心安理得地拿自己那份薪水即可。其实工作不仅是一种谋生的手段，同时也是社会的一份责任。

很久以前，一位妙龄少女来到东京帝国酒店当服务员。这是她踏入社会的第一份工作，也就是说她将从这里正式步入社会，迈出她人生的第一步。因此她很激动，暗下决心，一定要好好干。但是让她意想不到的是，上司竟安排她去做洗厕所这种事。说实话没有哪个人喜欢洗厕所！更何况她还是一个从未干过粗重活儿，有点洁癖的女大学生。

她能干好吗？洗厕所时视觉上、嗅觉上以及体力上的压力都让她难以承受，心理暗示的作用更使她忍受不了。以致当她用自己白皙细嫩的手拿着抹布伸向马桶时，胃里立马翻江倒海，恶心得几乎呕吐却又吐不出来，难受无比。而上司对她的工作质量要求却特别高：必须把马桶擦洗得光洁如新！她当然明白"光洁如新"的含义是什么，她当然更明白自己不适应洗厕所这种工作，实在无法实现"光洁如新"这一高标准的质量要求。因此，她陷入困惑、苦恼之中，也哭过鼻子。这时，她面临着进入社会的第一步该怎样走下去的抉择：是继续干下去，还是另谋职业？值此关键时刻，同单位一位前辈及时地出现在她面前，他并没有用空洞的理论去说教，只是亲自做了一遍给她看。首先，他一遍遍地擦洗马桶，直到擦洗得光洁如新；然后，他从马桶里盛了一杯水，一饮而尽！

实际行动胜过万语千言，他不用一言一语就告诉了少女一个极为朴素、简单的真理：只有马桶中的水达到可以喝的洁净程度，才算是把马桶抹洗得"光洁如新"了，而这一点已被证明可以办到。

于是，她痛下决心：就算一生洗厕所，也要做到最出色！从此，她成为一个全新的、振奋的人；从此，她的工作质量也达到了那位前辈的高水平。当然她也多次喝过马桶里的水，是为了检验自己的自信心，也是为了证实自己的工作质量，更是为了强化自己的敬业心。至此，她很漂亮地迈出了人生第一步；从此，她踏上了全新的道路，开始了她不断走向成功的人生旅程。很多年后她成为日本政府的邮政大臣，她就是野田圣子。

在今天，重视责任感成了一个人身上最重要的品质。很多人在进入公司之前就已经积攒了一身的才华，但是同样有才华，为什么有些人就会受到重用，但是有些人却永远被冷落呢？因为同样是有才华的人，有些是有才华且负责任的人，只有责任和能力共有的人，才是企业和公司发展最需要的人。所以，倘若想要在公司里面受到老板的信任和提拔，必须要有责任感，这一点是决定你会不会被重用的最主要的原因。

努力就是旺季
不努力就是淡季

任远是一家文化公司的文案策划，选择这一份工作，任远并不是出于喜欢和爱好，完全是为了能够赚到一点钱。在最初的两个月里，他还是很耐心细心地完成自己的方案，希望能够从中获取自己的利益。但是到领工资的时候，任远的工资总是在3000元左右，为此他觉得这一行业完全赚不到钱。

两个月之后的他，对于自己的工作完全换了一副态度。每天松散地上班，到了工作单位之后，开始浏览网页，看看新闻，偶尔还玩一玩游戏。下午的时候开始在网上搜一些稿件案例，然后复制粘贴在自己的方案中，以应付领导的检查。一直这样做了半个多月，任远发现领导什么都没有说，他感觉这样做挺爽，首先自己的工作不再枯燥无味，其次，自己的工作不用那么累，而且同样可以拿到钱。

过了一个月的时候，任远的同事姚爽的方案受到了领导的表扬，还获得了3000元的奖金，而任远的方案则总是被客户挑剔。由于方案的设计，客户始终不满意，没有客户的认可，老板就没有支付任远方案费，而是将方案退给他，让他自己利用闲暇的时间去修改。听到要修改方案，任远一脸不高兴。因为在上班的时间修改方案就会影响新的任务的速度，还是会影响自己下个月的工资，但是利用闲暇的时间去修改自己又觉得不甘心。

为了能够不浪费自己的私人时间，同时又不浪费新方案的时间，任远用同样的方法，在网络上搜索了一些资料，随便地改了几下稿件，又一次地交了策划方案。结果还没有到月底的时候, 他的方案再一次被客户退了回来, 老板很生气地和任远说: "小任, 你这方案再给你最后一次机会好好改改, 如果再不能通过, 那么你就不要继续在公司做了。我的公司不养闲人。"

听到老板的话, 任远心想: "你给我那点钱也太少了, 压根儿就不够我吃饭的, 不干就不干"。于是他还是用了上次那个方法, 糊弄着交了自己的方案, 然后在第二天上班之前向老板提出了辞职。任远离开了公司, 而他的方案又再一次被客户退回, 还与公司终结了合作意向。当老板把方案拿过来看时, 非常气愤, 原来任远一直都是以复制粘贴的形式完成的方案, 不仅让公司蒙受了损失, 还耽误了很多时间。

后来, 任远去别的公司面试的时候, 面试人员看到他的名字, 就急忙问: "你以前是不是在文化公司做文案策划的?" 任远点点头, 然后面试人员说: "不好意思, 我们公司不能聘用你, 你的名字有被企业加入黑名单, 有不负责任的记录。" 任远垂头丧气地离开面试的公司, 非常后悔自己当初的行为。

很多人也许并不能深刻理解什么才是真正的责任, 但是责任感对于一个人来说至关重要。在工作中, 只有具有强烈的职业感和责任感的人, 才能得到他人的赞许, 同时也能得到大家的帮助和认同。一个人的工作做得好坏, 最关键的一点就在于有没有责任感, 也许你不是公司里面工作能力最强的一个员工, 但是却是最富有责任的, 那么你也会得到老板的赏识, 得到大家的肯定。

工作中的我们应该明白一个道理，拥有责任心会让你的事业步步高升，而失掉了责任心，你的工作就会一落千丈。有句话说："假如你热爱工作，那你的生活就是天堂；假如你讨厌工作，那你的生活就是地狱"。你的一生需要承担着各种各样的责任，社会的、家庭的、工作的、朋友的，等等。一个人无法逃避责任，也不应该逃避责任。对于自己应承担的责任要勇于承担，放弃自己应承担的责任时，就等于放弃了生活，也将被生活放弃。

4. 为什么赢的人不是你

现代企业对人才的要求越来越高。术业有专攻，说的就是每个人都应有自己擅长的领域，倘若你什么都懂点皮毛，却没有一样精通的，那也只会被企业拒之门外。在任何公司，那些难以替代的人都是拥有一技之长的人，即自己领域内的专家。

因此，无论你从事什么职业，都应该精通它，下决心掌握自己领域内的疑难问题，做到比别人更精通。如果你在工作方面是行家里手，精通业务，就能赢得良好的声誉，也就拥有了获得成功的秘密武器。

　　大学毕业那年，她被分到英国大使馆做接线员。在很多人眼里，接线员是一个很没出息的工作，然而任小萍却在这个普通的工作岗位上做出了不平凡的业绩。她把使馆所有人的名字、电话、工作范围甚至连他们家属的名字都背得滚瓜烂熟。当有些打电话的人不知道该找谁时，她就会多问，尽量帮他准确地找到要找的人。慢慢地，使馆人员有事外出时并不告诉他们的翻译，只是给她打电话，告诉她谁会来电话，请转告什么，等等。不久，有很多公事、私事也开始委托她通知，使她成了全面负责的留言点、大秘书。

　　有一天，大使竟然跑到电话间，笑眯眯地表扬她，这可是一件破天荒的事。结果没多久，她就因工作出色而破格调去给英国某大报记者处做翻译。

　　该报的首席记者是个名气很大的老太太，得过战地勋章，授过勋爵，本事大，脾气大，甚至把前任翻译给赶跑了，刚开始时也不接受任小萍，看不上她的资历，后来才勉强同意一试。结果一年后，老太太逢人就说："我的翻译比你的好上十倍。"不久，工作出色的任小萍又被破例调到美国驻华联络处，她干得同样出色，不久即获外交部嘉奖……

我们在找到愿意为之奋斗的事业之后，一定要努力让自己成为这个领域的专家。成为专家不仅是我们个人对自己的要求，也是现代企业对员工的基本要求。如果你是掌握了公司业务核心技术的软件工程师、医术精湛的内（外）科医生、创意无穷的文案写手、对于新闻有着超乎常人的嗅觉且能写出好新闻的记者、精通多国语言的外贸人员……那么，无论是在哪儿工作，你都会很快成为举足轻重的人物。原因就在于，你是某个领域的专家，你是无可替代的，因为你能做别人不能做的事。

随着科技日新月异，竞争日益激烈，谁想在这激流里顺利抵达彼岸，谁想在这广阔的蓝天上尽情翱翔，成为行业里的专家都是你人生前行的"绿卡"。行业专家，能使企业在短时间内、在某一专业领域内迅速提升竞争力，其受欢迎程度可想而知。

行行出状元这是古话了，做行业内专家也不算新鲜的提法。干一行、爱一行、钻一行是我们常说的话。这些话好说，但不好做。谁都想使自己的工作结果得一百分，谁都想把自己所追求的事业做得尽善尽美，但谁能绝对地做到呢？做行业内专家是个高标准的要求，但这个要求的实现并不是立竿见影的，需要认真思考，大胆实践，需要时间，需要过程。只有高起点的定位，才有高目标的实现。

职业演说大师马克·桑布恩在其著作《邮差弗雷德》中讲

第六章
你的工作努力吗？你的工作快乐吗？

述了自己第一次遇见弗雷德的故事。

事情发生在马克·桑布恩买下自己平生第一所房子之后。

"上午好，桑布恩先生！"弗雷德说话非常真诚热情，"我的名字叫弗雷德，是这里的邮递员。我顺道来看看，向您表示欢迎，也介绍一下我自己，同时也希望能对您有所了解，比如，您所从事的行业。"

马克·桑布恩收过很多邮件，但还从没有见过这样热情的邮递员。他心中感到非常温暖，对弗雷德说："我是个职业演说家。"

"如果您是位职业演说家，那肯定要经常出差旅行了？"弗雷德问。

"是的，确实如此。我一年总要有160天到200天出门在外。"

弗雷德说："既然如此，如果您能给我一份您的日程表，您不在家的时候我可以把您的信件暂时代为保管，打包放好，等您在家的时候再送过来。"

马克·桑布恩觉得没必要这么麻烦："把信放进房前的信筒里就好了，我回家的时候再取也一样的。"

弗雷德解释说："桑布恩先生，窃贼经常会窥探住户的邮箱，如果发现是满的，就表明主人不在家，那您就可能要深受其害了。"

马克·桑布恩被弗雷德的责任心深深震撼了。

弗雷德继续说道："我看不如这样，只要邮箱的盖子还能盖上，我就把信放到里面，别人就不会看出您不在家。塞不进邮箱的邮件，我搁在房门和屏栅门之间，从外面看不见。如果那里也放满了，我就把其他的信留着，等您回来。"

此时，马克·桑布恩不禁暗自琢磨："这人真的是美国邮政的雇员吗？或许这个小区提供特别的邮政服务？不管怎样，弗雷德的建议听起来真是完美无缺，我没有理由不同意。"

一段时间之后，马克·桑布恩出差回来，刚把钥匙插进锁眼儿，突然发现门口的擦鞋垫不见了。他想不通，难道在丹佛连擦鞋垫都有人偷？不太可能。转头一看，擦鞋垫跑到门廊的角落里了，下面还遮着什么东西。

事情是这样的：在马克·桑布恩出差的时候，快递公司误投了他的一个包裹，放到了另一家的门廊上。幸运的是，弗雷德看到马克·桑布恩的包裹被送错了地方，就把它捡起来送到马克·桑布恩的住处藏好，上面还留了张纸条解释事情的来龙去脉，又费心地用擦鞋垫把它遮住，以避人耳目。

接下来的十年中，马克·桑布恩一直受惠于弗雷德的杰出服务。一旦信箱里的邮件被塞得乱糟糟的，那一定是弗雷德没有上班。

世界上规模最大的酒店王国创始人康拉德·希尔顿曾经说过："要成功致富，一个人必须成为他所从事的那一行业的领袖人物。"

工作无贵贱之分。所谓事业的成功，就是在自己所从事的行业里出类拔萃，成为行业里的专家。即使是一位清洁人员，他要是能把地板刷洗得照出人影，把马桶刷得光洁如新，那他也能被称为专家，拥有了这样的毅力，不成功都难。在这个世界上，没有任何事物能够取代毅力，能力也不行。在这个世界上最可悲的就是有能力的失败者。此外，天赋也无法取代毅力，失败的天才更是司空见惯。毅力加上决心，我们成为某专业里的成功人士是不难的。

众所周知，市场表现最好的产品都是在行业里面第一名的产品。其实同样的道理，我们要成为一个行业里的佼佼者，就必须成为行业里最有功绩的人。

著名的成功学家博恩在他的书中这样写道：就像一张招聘的海报上所写的，在你的行业里成就自己才是你的目标之一。只有出类拔萃者才能得到丰厚的回报。成功的那些人所具备的素质之一，就是他们在其工作过程中的每一个时刻都鼓励自己要表现卓越，鼓励自己要成为行业里的顶尖人物，而且不在乎要付出多少代价和牺牲。有了这样的决心，促使他们从那些从未这样下定决心的人群里凸现出来，于是他们的功绩是同行中那些普通人的好多倍。

博恩自己也有过这样的经历。他由于少年时期接受教育不多，刚开始工作的时候只是一个底层的销售员，也对自己缺乏自信。后来他逐渐认识到，每一个行业里面最顶尖的10%的人，以前也都是从最低层开始做起的。他常常鼓励自己，他们可以最终成为顶尖，我为什么不可以呢？最终他也成为一名成功人士。

其实每一个杰出的人物都有过表现平平的过去，他们也是一步步走向卓越的。因此，不要认为别人比你强，别人比你善于做此行，所有的技巧都是可以学会的，只要努力，你也可以成为行业里的专家。

成为专家不再是你个人对自己的要求，也是当代社会的要求。全通型人才已经明显不如专精型人才受欢迎了。因为现在讲究团队，讲求合作，团队里面的每一个人只要精通各自的那点东西，便可以获得最大的收益。无论从事什么职业，力求做到精通，然后再力求比别人更精通，这才是行业里的专家。

那么如何做才能成为行业里的专家呢？专家是不是需要天赋呢？根据脑科学家的研究，几乎每个人都能够在他们身体没有缺陷的前提下发展到专家水平。很显然，上天给予的天分、自然的禀赋、遗传特质并不像它们被夸赞的那样神奇。实际上，看那些在音乐、数学、象棋或其他领域上的卓越的人，更多的是他们或许在专注、投入和追求卓越的欲望上有一种特别的天赋。或许所谓的专家只是因为他们比别人尝试得多得多，或者他们刻意进行了多次反复尝试。对于卓越者而言，目标绝对不是简单重复同样的事情，而是每一次都更上一个台阶，更好掌控他们的表现。这就是他们不会觉得练习很无聊的原因。

每一次的练习，他们都会在某些地方比上一次做得更好，次数多了，他们就成为行业中的顶尖者。

但是现实生活中，我们大多数人避免练习那些需要努力才能掌握的东西，所以我们总是停留在中等或者业余水准上，处于那种可有可无的角色中。如果我们愿意花更多的时间去练习那些看起来没有乐趣的事情，我们就能变得更好，更优秀。我们需要那种追求精通的激情，而专家就是在很多细微的方面，永远表现得不满足，永远觉得有需要改进的地方。

不要再踌躇了，不要再浪费时间了，不要再怀疑你是否具有天赋成为专家了，实际上你在任何年龄都可以产生新的脑细胞，只要通过后天的学习和努力都可以成功，而不是埋头苦想为什么他如此精通于此行。想想看，即使你现在已经50岁，明天你开始学习外语，到你70岁的时候，你已经说了20年的外语，难道你不会成为一位熟练掌握外语的专家老人了吗？所以，不要再等待了，赶紧行动，无论做什么，投入精力和时间，你就是那个行业的专家。

5. 至少赢得一次升迁的机会吧

　　志向远大的人一定不仅仅满足于现状，人的一生可以平凡，但是不能够平庸，想要事业成功，只要摆脱自己一些小小的瑕疵，就能够超越自己，掌握主动，简简单单地让平庸远离你，继而平步青云步步高升，顺利达到人生的顶峰！

　　1958年，一个叫钟彬娴的中国籍女孩出生在加拿大东部的城市多伦多。小学四年级的时候，这个女孩非常渴望拥有一盒含有120色的画笔。父母看得出来她对画笔的那份渴求，于是就和她达成一个协议：如果你的考试能够全得A，我们就给你买一套！为了得到那套画笔，小彬娴一直把自己关在房间里温习功课，生日派对、网球比赛她统统置之不理。到了年底的时候，小彬娴终于交了一份写满"A"的成绩单给父母，如愿以偿地得到了自己梦寐以求的120色画笔。

　　20岁的时候，钟彬娴从美国普林斯顿大学的英国文学专业毕业了。很快，她就进入布鲁明百货公司上班，成为一名最基层的售货员。凭借着自己的努力和对工作的一腔热情，12年之后，钟彬娴就开始负责起公司所有的女装业务。

34岁时，钟彬娴与比她年长15岁的布鲁明百货公司CEO麦克·古尔德结婚了。为了避嫌，在结婚后的第二年，钟彬娴就辞职离开了这家公司，并着手寻找另一个新的企业。

在选择再就业的过程当中，雅芳作为生产化妆品的百年老店获得了一直从事女装业务的钟彬娴的青睐。她很快就加入了雅芳。

在钟彬娴刚刚加入雅芳不久，她与CEO吉姆曾有过一次会面。那一次，钟彬娴去他的办公室里汇报工作时，看到一块装饰板上印着四个足印：猿猴、男人的光脚、男式皮鞋和一只高跟鞋。上面还带有一个题词：这是领导权的演变！不经意间，吉姆对钟彬娴说过这样的话："我完全相信，在未来的10年，一定会有一位女性来领导雅芳！"听完CEO的这番话，钟彬娴的内心澎湃至极，她在自己的心里深深地埋下一个梦想。

仅仅一年的时间，钟彬娴就凭借着丰富的管理经验和卓越的能力成了雅芳公司的领导核心之一。在接下来的日子里，她的职场生涯一直都是顺风顺水。

1997年，CEO吉姆打算退休了，钟彬娴和其他两个人成为雅芳CEO的候选人。这个时候的钟彬娴已经是雅芳的COO（首席运营官），负责雅芳的很多事务，并被业界人士所熟知。可以说，她已经在美国企业界放射出相当惊人的光芒。

可是，杰出的表现和外界的肯定仍然敌不过女性在职场中的劣势。一直觉得自己是CEO最合适人选的钟彬娴最终还是与这个职位擦肩而过了。另外一个名叫查尔斯·佩林的男性担任了新CEO的职务！董事会选择查尔斯·佩林的原因就在于：雅芳的百年历史上不曾有过一名女性CEO！

董事会的这次决定，给了钟彬娴很大的冲击。在她绝望的时候，很多其他企业代表纷纷上门来找过她，都想聘请她担任他们的CEO。面对如此挫折之后的盛情邀请，钟彬娴在痛苦挣扎之后，面带微笑一一回绝了："名称、头衔比不上我对雅芳的热情！"

正是因为这种热情，钟彬娴一直默默地坚持下来了。

1999年，雅芳遭遇了一场危机，股价一落千丈。到了11月，公司第四季度的销售和盈利急剧下滑，股价猛跌了50%！之后不久，首席执行官查尔斯·佩林引咎辞职，雅芳陷入了生死攸关的时刻，董事会不得不物色另一个CEO人选。他们想到了钟彬娴。

钟彬娴得知董事会要她临危受命带动雅芳的时候，她没有丝毫怨言，挑起了这个重担。由于之前钟彬娴在企业界声名好，再加上她对雅芳进行的种种改革，雅芳的危机很快就化解了，并逐步走向成熟。

事实就是这样，只有全力以赴、尽职尽责地做好目前所做的工作，才能慢慢积累经验，渐渐地使自己在职场上不断向上攀登。勤奋刻苦的品质是通向成功的桥梁。可是，现实中，很

第六章
你的工作努力吗？你的工作快乐吗？

多很有能力的人却对自己所从事的职业感到厌烦，他们讨厌去做那种平凡乏味的工作，摆着一副"天将降大任于斯人"的态度，不懂得吃苦在先，他们根本不知道职位的晋升是建立在忠实履行日常工作职责的基础上的。其实，真正聪明的人就是从极其平凡的职业中、极其低微的岗位上，发现并利用蕴藏在其中的巨大的机会。

所以，要想实现自己的抱负，你就得调动自己的全部智力，全力以赴，先把自己的工作做得比别人更完美、更迅速、更正确、更专注，从平凡的工作中找出新的工作方式来，只有这样，才能比别人做得更出色，也才会有发挥自己本领的机会。

有个在国际贸易公司上班的人经常向朋友抱怨自己的上司态度多么傲慢，给自己指派的任务多么繁重。有一天，他咬牙切齿地说："我老板这么傲，一点都不把人放在眼里，明天我就要对他拍桌子，我不干了！"听他这么一说，朋友倒觉得有点惊奇，因为他所在的公司是一家效益不错的跨国公司。老板有底气，自然会对员工有点飞扬跋扈，于是问道："你对于公司全部业务都弄清楚了吗？国际贸易的窍门都学到了吗？"

"没有！我才懒得学！"

"接下来的日子我建议你在公司里边多用点心，把公司的贸易技巧、商业文书的写作规范和公司运营策略全部搞通，甚至如何修理复印机、传真机等全部都学会，然后再辞职不干，君子报仇十年不晚。你把他们的公司当成是免费学习的地方，把什么都学会之后，再一走了之，这样不是又学到东西又出气了吗？"

他听了朋友的建议后，大为赞同。从此在公司中不再懈怠懒散，一有空便偷记默学，甚至在下班之后，也主动留在办公室研究商业文书的写作技巧。

一年后，朋友又碰到他时说："现在到了你报仇的时候了，很多东西相信你都学会了吧。可以给老板拍桌子了吧？"

他不好意思地说："可是我发现近半年，老板对我的态度发生了很大转变，最近更是不断将公司一些重大工作交给我做，前几天刚刚升职加薪，我现在不想走了。"

"哈哈，这是我早就料到的！"朋友笑着对他说，"当初老板对你指手画脚，不尊重你，是因为你能力不足，又不知进取；现在你痛下苦功，自己的能力又得到这么大的提高，这么好的人才老板可舍不得放弃啊！"

有时候我们就像文中的那个人一样，只知道抱怨工作，抱怨老板，却不好好地反省自己。仅仅把工作当成一份获得薪水的职业，能少付出就尽量少付出。要知道，工作是需要你用生命去做的事情，积极认真，全力以赴，我们才可能获得自己所期望的成功。成功者和失败者的区别就在于成功者无论做什么，都丝毫不敢放松，力求达到最佳；而失败者无论做什么职业，都是马马虎虎，敷衍了事。

在职场上奋斗，就像马拉松长跑，相互间的差距会越来越大：有的人得到重用和提升，有的人在原地踏步或频繁跳槽，还有的甚至被同事们排挤、孤立。也许，大家的工作能力相差无几，只是有人给自己戴上了一副无形的"眼镜"，以这种面目和态度去为人处世，自然无法将职场看得清楚、明白，无法把握每次难得的机遇。

有个智者说过："当世界抛弃了你，而你又无法改变时，你才有权利抱怨。"可事实上，我们周围有不少人却以抱怨为工作常态。这样的人，在天马行空的职场领域，是很难有所发展的。

一个人对工作的态度应该是他对生命的表达。所以，了解一个人的工作态度，就是了解那个人对生命的态度。你在这个世界上选择什么样的工作？如何对待工作？从根本上说，不是一个关于做什么事和得到多少报酬的问题，而是一个关于生命意义的问题。好的工作态度和积极努力的心态，将会帮你实现事业的成功。

工作是什么？翻开国外的权威词典，我们可以发现，他们的解释几乎如出一辙：工作是上帝安排的任务；工作是上天赋予的使命。这种解释虽然带有一定的宗教色彩，然而，它们却传达出了一个共同的思想：没有机会工作或不能从工作中享受到乐趣的人，就是违背上天意愿的人，他们不能完整地享受到生命的乐趣。工作就是付出努力以达到某种目的。如果我们的工作能够引导我们逐步接近那种能充分表现我们的才能和性格的境况，这样的工作应该就是令人满意的工作了。

工作是一个施展自己才能的舞台。我们寒窗苦读来的知识、我们的应变力、我们的决断力、我们的适应力以及我们的协调能力都将在这样的一个舞台上得以展示。除了工作，没有哪项活动能提供如此高度的充实自我、表达自我的机会，以及如此强的个人使命感和一种快乐的理由。工作的质量往往决定生活的质量。

一个人所做的工作是他人生态度的表现，一生的职业，就是他志向的展示、理想的所在。所以，什么样的工作态度，在某种程度上就是决定了你的工作前途。因此，美国前教育部部长、著名教育家威廉·贝内特说："工作是我们要用生命去做的事。"在过去的岁月里，如果你曾经谩骂、批评、抱怨、四处发牢骚，对自己的工作没有丝毫激情，在生活的无奈和无尽的抱怨中平凡地生活着。那么就需要注意了。你过去对工作的态度如何，这并不重要，毕竟那是已经过去的事了。重要的是，从现在开始，你未来的态度将如何？

在职场的风风雨雨里，想获得升迁，想赢得发展，必须保持一颗积极的心态，努力工作，务实进取，甘于吃苦，不断锻炼，多积累经验。勤勉与智慧，坚持与务实，都将带给你惊喜。

6. 至少要理智地来一次跳槽吧

如今，"跳槽"已成为整个社会的流行语，很多人在公司待了不过几个月，就开始想要不要跳槽，该不该跳槽。特别是一些有一技之长或是刚毕业的年轻人，他们总是这山望着那山高，今天一个地方，明天又跳到了另一个地方，曾有人幽默地说："如今的人就像脚底踩了风火轮一样，一年不见面，到原单位找人找到的概率还不如到广场上兜风碰上的概率高。"这话虽说夸张了些，但也从另一面反映了现在跳槽频率之高。

跳槽，几乎是每一个职场人都会遇到的职场经历，合理的职业流动能让企业在不同发展阶段下更好地引入合适的人才。然而社会的浮躁，让更多职场人变得急功近利，越来越多的人期望通过频繁跳槽来获取更多的利益，企图在最短的时间内实现人生的积累，那么，他们的这些愿望能够实现吗？

国际金融专业出身的江雨在一家有三四十人规模的公司从事文秘工作。她已经在这家公司做了四年，每月的工资已经上调到了四千，但江雨知道，这个工资水平已经是这家公司的这个职位的极限了，所以随着"金九银十"的职场黄金季节的到来，很多同事们都跃跃欲试，江雨也想试一试。

她想换一个工作种类，因为她觉得文秘毕竟是一个青春饭碗，自己不可能一辈子做文秘。但是她不知道做什么好，因为她以前所学的专业知识早就在日复一日的公司杂务中忘得精光了，要从事金融方面的工作根本就无从做起。

最后，江雨想到市场营销的进入门槛较低，收入的增长空间也比较大，再加上她自己也很喜欢和人打交道，于是很快就转行做了市场营销。但没想到，营销根本就不像她想象的那么好做，由于没有经验，江雨在一家销售公司做了三个月的销售之后，就因为一直没有业绩被辞退了，更不要提赚钱了。

相信很多人都曾有过江雨这样的经历，本想跳到一个比较好的公司，换一个工作种类和环境，结果却事与愿违。其实这些人只是受到了别人的影响，或是不安于现状，很想要有所改变，而事实上，他们却并不清楚自己究竟适合做什么，又能够做什么，或是应该往哪里跳，拿什么资本去跳等，结果栽了大跟头。

其实，幸福与不幸福原本是没有一个固定标准的，适合别人的不一定适合你，甚至还可能是你的束缚。如果不是出于自身发展的需要，而是人云亦云，盲目从众，你就很难得到自己真正想要的东西。因此，在跳槽前，你一定要想清楚自己想通过这种方式获得什么。

大学毕业已将近一年了，王强已决定要离开他目前的单位，去寻找适合自己的工作。记得当初和单位签约时他很高兴，这是一家大型建筑企业，收入也不错，又在大城市。在那么多竞争者中能被选中是件令人激动的事，他在憧憬着美好的未来。

一进单位，王强被安排到了基层工地的试验室，他们的试验室主任安排他与一个师哥学习原材料的检测和路基的验收。没过半个月，王强的这个师哥就被调回公司当秘书去了，他所干的工作就由王强接了下来。

王强这个人适应能力强，进取心强，能吃苦。那年夏天南方雨水少，天很热，白天在工地上工作，汗水像雨珠一样"啪嗒啪嗒"地往下掉。为了配合施工，他早上四点钟就起床监理验收路基，剩下的时间他查资料，学习工程技术。就这样用了半年时间他很出色地完成了工作，成为分配到基层中表现最好、工作最好的一个。他真的感到很高兴。

当年年底，他被调往上海，也在试验室。这是一个重点工程，工程进度很紧。试验室主任在外工作好几年没回家过春节了，现在他请了一个多月的假回家探亲，所以试验室的日常工作就由王强负责。从上班开始，他和同事们没放过一天假，为了在规定时间内完工，春节他们也照常上班。刚开工的时候，一切都是很忙的。试验室牵扯的部门很广，每天与各区的施工员、材料科、质量科、资料科、各分包队、检测中心、监理等打交道。他把工作从里到外一切都安排得有条不紊。等主任回来后，看着试验室紧张而有序的一切，连说了几声想不到。

没过一个月，他们主任也调回去了，因为他妻子也在外地工作，家里孩子没有人管，王强被提升为试验室主任。在别人眼里，他的现状应该很不错了，可是他早已深深地感到自己不适合于这个行业，不适合于这个单位。这是个大的国企，职工很多。所以裙带关系错综复杂，对谁说话办事都得小心翼翼。

建筑单位最重视施工员，别的部门根本没有发展机会。往年被提为经理、副经理的人都是从事施工的，别的部门干得再好也不会有什么前途。他有自己的理想，他不满足于现状，他很希望自己能不断突破，他相信在好的工作环境下，他自己会做得更好。因此，他决定跳一次槽。不久，他便在自己喜欢的工作中取得了巨大成功，获得了梦寐以求的财富和荣誉。

跳槽，是与旧工作的告别，也是新生活的起点。如果你在本单位既不能得到加薪的机会，也没有升职的苗头，而且自己日复一日地混日子，对工作没有了激情。那就请跳槽吧，因为跳槽后，你去了一个全新的环境，新鲜感会刺激你认真工作，使你的工作状态得到调整。

几乎所有事物都具有两面性，跳槽也同样如此，它对人才的职业发展而言是一把双刃剑。过于频繁地更换工作，会不利于专业经验和技能的积累。但有时候，跳槽却是激发职业发展潜力的良好机会。

要想跳槽成功，必须先具备三个因素：需要、方向和资本，如果这三个条件都不具备，那么你最好还是待在原地。

首先，想要跳槽，看看自己需不需要。很多人跳槽的主要原因是为了得到更高的薪水，但事实上，改变薪水的不是跳槽，而是你的职业发展。如果你的跳槽无助于你的职业积累和发展，那么这样的跳槽就是不理智的。如果你在一家公司感觉处境不妙，不但无用武之地，可能连开展正常工作都很困难，无法学得更多有用的东西，那么你就不要再浪费时间和精力，而要及时做好"跳槽"的准备工作，然后付诸行动。

其次，想要跳槽，还要明确适合自己发展的方向。如果错误地肯定自己能干什么，比不知道自己适合干什么还要糟糕。很多跳槽没成功的人，就是因为没有确定好方向或是方向不对，以至于跳来跳去总也找不到归属感，甚至还会越跳越往下"掉"。因此，即使你有很好的跳槽动机，但却没有明确的发展方向就突然跳槽，你仍没有足够的求职优势，甚至还会碰一鼻子灰。因此在你还没确定好方向时，不宜跳槽。

最后，你必须有足够的资本，才能果断跳槽。如果没有一定的资本，或是无法利用原有的工作经验，那么你再怎么跳也于事无补，甚至是越跳越糟。

总之，跳槽并不是我们的目的，它只是我们接近个人职业目标的方法之一。如果能在跳槽前做好职业定位，充分考虑自己的内在职业取向和独特的价值，了解新公司的企业实力、环境和文化背景，对自己即将从事的岗位进行充分调研和全面了解，做到心中有数，充分做好准备再跳，这样获得的新工作就自然会变得稳定许多。所以，跳槽之前务必多做准备，才能让自己跳得更理性一些。这是跳槽者以及准备跳槽的人需要特别注意的。

第七章

生活怎么会容易呢？容易的是人心

生活并不容易，可能每个人都会经历淡季，但是你要学着从低落中走出来；旺季也许难得，但是，保持旺季的心态很容易。

1. 为什么你智商很高，成就却很小？

一个人智商再高，但如果失去了做人的道德标准，他将失去一切。

人的一生需要源源不断的支持才能成功。如果把人生比喻成要爬越一面两人高、光滑无比、没有什么东西可以成为支点的墙面时，若想获得大成就，需要的你亲人、朋友以及其他的支持者，需要下面有人推你、助你，成为支持你的力量，上面有人拉你、提携你。只有这样你才能跨越人生之墙，达到成功境界。

可是我们中的很多人往往是让自己的助力变成了自己的阻力——如果你有很高的德商的话，那身边所有人都会是你的助力；可是当你失去德商的话，你的助力就将成为你的阻力。

据史书记载，商纣王天生神力、异于常人，能够托梁换柱，倒拽九牛，徒手与兽搏斗。此外，他还天赋聪颖，才思敏捷，能言善辩。可见，我们印象中的"暴君"纣王，绝非传统意义上的低智商的"昏君"。

以纣王独有的天赋，本可治理好国家，成就惊天动地的伟业，与祖先商汤、盘庚、武丁等明主一并载入史册，扬名后世。但令人遗憾的是，他的聪明才智未能用到好的地方。

具体表现在他一系列"缺乏德行"的行为中：荒淫无度，宠信妲己，建造"酒池肉林"；凶残成性，创立炮烙、虿盆等多种残酷刑法；残害忠良，就连自己的叔父比干也要"挖心"而后快……

总之，纣王的所作所为人性泯灭，罄竹难书，因而在周武王起兵伐商后，早已恨透纣王的平民和奴隶们纷纷阵前倒戈。纣王见大势已去，便自焚身亡，商王朝也随之覆灭。至此，纣王终于在史册上稳坐"首席暴君"的头把交椅。

天时、地利、人和这治天下的三大要素商纣王原来都拥有了，但由于自己"德行不够"以致众叛亲离，国破家亡。可悲兮，应然哉！德商是我们的立人之本，是我们成功道路上不可缺少的基石，拥有了较高的德商我们才能拥有自己的人脉，为成功的人生道路铺上坚实的基础。

欲成功，你需要高的德商；要提高自己的德商，你必须光明磊落、心地纯洁、公正无私、宽厚仁爱。只有这样你才能真正拥有健康、成功和幸福。

没有高尚的道德，便没有高尚的品格，便没有高尚的事业，便没有高尚的命运。我国著名教育家陶行知先生说：

"千学万学，要学会做人。"我国古代圣人们也告诉我们：德高才能望重。我国最著名的高等学府清华大学的校训是：自强不息，厚德载物。意思就是说：道德是人生的基础，以后人生发展的每一步，都跟我们是否有高尚的道德有着直接的关系。

隋炀帝杨广也是一个很典型的例子。

杨广是隋文帝杨坚的第二个儿子，年少好学，善诗文，著有文集55卷。开皇元年（公元585年），年仅13岁的杨广被封为晋王，做了并州的总管，拱卫京城。随后，杨广亲率军队统一国家，组织修建畅通国脉的京杭大运河，亲自开拓、畅通丝绸之路，开创科举，修订法律。

不可否认，杨广真的是才华出众。但有才的杨广不免恃才傲物、我行我素，由于缺少道德监控和自我约束，导致他后来做出大逆不道的弑父篡位之举。成为皇帝后，他过度沉迷于享乐之中，无心治国，走上了荒淫无道、自取灭亡的不归路。

唐太宗说过，"以铜为镜，可以正衣冠；以史为镜，可以知兴亡；以人为镜，可以明得失。"所以，有才无德之人既让人感到可怕，又让人觉得可惜。这种德商非常低的人虽然不多，可一旦他们掌握了权力便会贻害无穷。

其实，一个人是否能成才成功，智力因素往往仅占

努力就是旺季
不努力就是淡季

20%，而另外起作用的80%是人格因素。良好的品德是人格的重要组成部分。如果忽略了品德培养和健康人格的构建，就容易出现一些智商很高、成就很小的人，甚至有的智力优秀的人成了"歪才"、"邪才"。真正大成的人，是道德与智慧并存的。

2. 有趣比好看高级得多

如果你想在与人交往时给人留下一个良好的印象，就要善于运用幽默的力量。不论在别人家做客，还是在自己家待客，充满幽默的气氛相信是我们每个人都需要的。当你走入室内，就要将你的幽默表现出来。一个面带怒容或神情抑郁的人，是永远都不会比一个面带微笑、风趣幽默的人更受欢迎的。

在美国，曾有这样一件令人称道的事：美国哲学家乔治·桑塔亚那选定某天结束他在哈佛大学的教授生涯。这天，他在哈佛大礼堂讲最后一课时，一只美丽的知更鸟停在窗台上，不停地欢叫着。桑塔亚那出神地打量着小鸟，许久，他转向听众，轻轻地说道："对不起，诸位，我要失陪了，因为我与春天有个约会。"言毕，他微笑着走了出去。

这句美好的结束语充满了诗意，也颇具幽默，赢得了听众热烈的掌声。

假如你要赴朋友新居乔迁的宴会，主人也许有些紧张，此时正是你运用幽默向他开开玩笑帮他松弛心情的好机会。不妨向主人说："张小姐邀请我来时，告诉我说：'你只需用手肘按门铃即可。'我问她为什么非用手肘按，她说：'你总不至于空手去吧？'"

只要你稍微留意一下，生活中到处都可以发现许多不易为人察觉的幽默。一位警察在处理一起交通事故后，坐下来填写报告单。在一位乘客的反应一栏中，他觉得很难用简单的几个字说清楚，于是干脆写道："他们像热锅上的蚂蚁，急得团团直转。"生活中，正是这些似是而非的怪事，给我们带来了无穷的乐趣。

对于他人给予你的幽默，你要善于用自身的幽默来接受他人的幽默。有两个保险公司的职员发生了争执，双方都夸耀自己公司在支付保险金上的速度快。第一位说他的公司肯定能在事故发生当天就能将保险金送到投保人手里；而另一位则说："那根本不算快。我们公司在大楼的第二十三层，如果有一天一位投保人从40层楼跳下来，当他经过二十三层时，我们就能将保险金支票从窗户交给他了。"

一个人不仅要善于幽默地调侃他人，也要能接受他人的幽默调侃，如此才能赢得友谊，成功建立社交关系。在社交的任何一个团体之中，不论你只是其中的普通一员，或是担任委员、干事、总干事、主席等，善于运用幽默的力量，都能让自己获益匪浅，在社交活动中游刃有余，不断成功。

如果说语言是心灵的桥梁，那么幽默便是桥上行驶最快的列车。它穿梭在此岸与彼岸之间，时而鲜明时而隐晦地表达着某种心意，并以最快捷的方式直抵人的心灵，提升幽默者在对方心中的分量。

在人际交往中，我们轻松幽默地开个得体的玩笑，可以松弛神经，活跃气氛，营造出一个适于交际的轻松愉快的氛围，因而幽默的人常常受到人们的欢迎与喜爱。但是，玩笑一旦开得不好，幽默过了头，效果就会适得其反。因此掌握幽默的分寸是非常重要的。要想幽默得体，你需要注意下面几个问题。

幽默内容要高雅

幽默的内容取决于幽默者的思想情趣与文化修养。幽默内容粗俗或不雅，有时也能博人一笑，但过后就会感到乏味无聊。只有内容健康、格调高雅的幽默，才能给人以启迪和精神享受，而且也是对自己美好形象的成功塑造。

幽默态度要友善

幽默的过程，是感情互相交流传递的过程。如果借幽默来达到对别人冷嘲热讽、发泄内心厌恶和不满感情的目的，那么这种玩笑就不能称为幽默。当然，也许有些人不如你口齿伶俐，表面上你占到上风，但别人一定会认为你不够尊重他人，以后也不会愿意和你继续交往。

幽默要分清场合

美国总统里根一次在国会开会前，为了试试麦克风是否好用，张口便道："先生女士们请注意，五分钟之后，我们将对苏联进行轰炸。"一语既出，众皆哗然。显然，里根在不恰当的场合和时间里，开了一个极为荒唐的玩笑。为此，苏联政府对美国提出了强烈的抗议。

可见，在庄重严肃的场合里幽默一定要注意分寸。

幽默也要分清对象

我们身边的每个人，因为身份、性格和心情的不同，对幽默的承受能力也有差异。同样一个玩笑，能对甲开，不一定能对乙开；能对乙开，却不一定也能对甲开。一般来说，晚辈不宜同前辈开玩笑；下级不宜同上级开玩笑；男性不宜同女性开玩笑。在同辈人之间开玩笑，也要注意对方的情绪信息和性格特征。如果对方性格外向，能宽容忍耐，幽默稍微过大也无妨；若对方性格内向，喜欢琢磨言外之意，幽默就要慎重了。对方尽管平时生性开朗，但若恰好碰上不愉快或伤心之事，也不能随便发幽默。相反，对方性格内向，但正好喜事临门，此时与他开个玩笑，幽默的氛围也会一下子突现出来。

3. 道歉不是一句 "对不起" 那么简单

你必须学会道歉。道歉最关键的两个基本点就是目的和态度。只有当你的歉意是发自内心的，而且你愿意为此承担责任的时候，对方才会感觉到你的诚意，道歉的目的才能达到。

一句道歉创下全球单店月销售量第一纪录，一句道歉终结香港报业大战，一句道歉终结商业事件民族主义化，一句道歉挽回一个商业帝国，一句道歉保住总统职位……道歉，这种人际关系中的一环，也被市场经常性地视为商业策略和危机公关的一种技巧。

作为一个生活在一定社会关系中的人，谁也避免不了在交往中伤害别人或被别人伤害。尽管大多数伤害是无意的，但学会道歉或学会接受道歉，仍然是开启原谅和恢复关系大门的金钥匙。

道歉不仅仅是说一句 "对不起" 那么简单。我们向别人道歉，就是承认我们的所作所为伤害了别人或者有可能伤害别人，希望能予以弥补。

虽然道歉后我们会感觉好点，但是其实我们的内心还是会有一股相反的力量，想保护我们的自尊心和自己辛苦建立并维护的公众形象。我们之所以不愿道歉，是因为道歉就要承认自己有缺陷、不完美。道歉就是要战胜自己的自尊心。

有时候，人们也会因为害怕承担责任而不愿道歉。很多人害怕，即使自己道了歉，对方也不会领情。也有人害怕，道歉可能会暴露自己的缺点，失去别人的尊重，从而可能毁了自己的名声。还有人害怕报复。正因为这些顾虑确实有可能发生，才使道歉变得更有意义。

道歉是一种重要的社会礼仪，它需要人们拿出勇气，表现自己谦虚的一面，同时它也要求一定的技巧。

俗话说："人非圣贤，孰能无过。"我们都是很普通的人，既然犯错在所难免，既然我们都不想与别人的关系搞僵，那么我们就该学会主动认错和道歉。

另外，当一个人认为自己可能会被人指责时，不妨以先发制人的方式先数落自己一番。因为人心是很奇特的，当对方发觉你已先道歉时，便不好再多指责。

美国心理学专家卡耐基在其《美好的人生》一书中，讲了他的一段经历：从卡耐基家步行一分钟，就可以到达森林公园。他常常带着一只叫雷斯的小猎狗到公园散步。因为他们在公园里很少碰到人，又因为这只狗友善而不伤人，所以卡耐基常常不替雷斯系狗绳或戴口笼。

第七章
生活怎么会容易呢？容易的是人心

有一天，他们在公园遇见一位骑马的警察，警察严厉地说："你为什么让你的狗跑来跑去而不给它系上链子或戴上口笼？你难道不晓得这是违法吗？"

"是的，我晓得。"卡耐基低声地说，"不过，我认为它不至于在这儿咬人。"

"你不认为！你不认为！法律是不管你怎么认为的。它可能在这里咬死松鼠，或咬伤小孩，这次我不追究，假如下次再被我碰上，你就必须跟法官解释了。"

卡耐基的确照办了。可是，他的雷斯不喜欢戴口笼，他也不喜欢它那样。一天下午，他和雷斯正在一座小坡上赛跑，突然，他看见那位执法大人正骑在一匹棕色的马上。

卡耐基想，这下栽了！他决定不等警察开口就先发制人："先生，这下你当场逮到我了。我错了，我有罪。你上星期警告过我，若是再带小狗出来而不替它戴口笼，你就要罚我。"

"好说，好说，"警察回答的声调很柔和，"我晓得在没有人的时候，谁都忍不住要带这样一只小狗出来溜达。"

"的确忍不住。"卡耐基说道，"但这是违法的。我还是感到罪恶。实在对不起。"

"哦，你大概把事情看得太严重了，"警察说，"我们这样吧，你只要让它跑过小山，到我看不到的地方，事情就算了。"

就像那位警察对待卡耐基和他的爱犬一样。如果我们免不了会受到责备，何不自己先道歉呢？听自己谴责自己不比挨别人批评好受得多吗？你要是知道某人准备责备你，你自己先把对方责备你的话说出来，对方十之八九会以宽大、谅解的态度对待你。

4. 你所要做的，只不过是记住一个名字

记住别人的名字，是对别人的一种尊重和重视，也是一种文明的体现。所以，在我们和别人交谈的时候，如果能够在恰当的时机称呼一下别人的名字，那无疑就会迅速拉近彼此之间的距离，这在和并不是很熟悉的人打交道时，尤其有效。

推销员希得·李维曾经遇到一个名字非常难念的顾客。他叫尼古玛斯·帕帕都拉斯，别人因为记不住他的名字，通常都只叫他"尼古"。而李维在拜访他之前，特别用心地反复练习了几遍他的名字。

当李维见了这位先生以后，面带微笑地说："早安，尼古玛斯·帕帕都拉斯先生。"

"尼古"简直是目瞪口呆了。过了几分钟，他都没有答话。

最后，他热泪盈眶地说："李维先生，我在这个小镇生活了35年，从来没有一个人用我的全名来称呼我。"

当然，从此以后，尼古玛斯·帕帕都拉斯成了李维的顾客。

在与不太熟悉的人交往时，如果能够记住对方的名字并轻松地叫出来，就等于巧妙而有效地给予了对方恭维。如果忘记或者叫错了人家的名字，你便把自己放到了十分不利的位置。

事实证明，能够记牢对方的姓名，不仅是现在处世的基本礼仪，也是使对方产生良好印象的最好方法，这种本领，在交际场中大有用处——在和别人交谈的时候，别人对你十分熟悉，热情如火，而你偏叫不出对方的姓名。碰到这样的情况，不仅会让你十分尴尬，更会让别人感到失望。虽然你可以用含糊的方法敷衍过去，但心里终究觉得不安。有时因为地位的关系，你应该先招呼他，这个时候，你如果记不起他的姓名，不去招呼他，他会误认你是自大傲慢、目中无人，这就不妙了！

所以你要想在交际场中赢得主动，就要熟记对方的姓名。但是，每天都要面对很多的新面孔，要想记住别人的名字，确实有点困难。

这里面是有一定的技巧和方法的。

法兰西国王拿破仑三世曾经说过，他可以记住他所见过的每个人的名字。是他的记忆力超群吗？不是。那他用了什么神奇的方法，以至于让他记住了他见过的不计其数的人的名字呢？其实很简单。如果他没有听清那个名字，会立即说："十分抱歉，我没有听清您的名字。"如果对方的名字很生僻的话，他又会向别人请教名字的拼写方法。还有，他在谈话过程中，会不断重复着对方的名字，并结合对方的外貌、言谈等特征，在心里做一个轮廓式的记忆。

拿破仑也使用"以特征来记忆对方名字"的方法。每个人身上都有特征，比如，身材特别高，是个彪形大汉；或者身体细长，像个电线杆；又或者双目明亮，熠熠生辉；或细如鼠目，游离不定等等。

除了相貌上的特征，你还可以找出他在其他方面的特征，比如，说话的速度和语调，以及手势动作等等。你把他的特征记下来，同时与他的姓名连在　起，回去之后再花一点时间去强化一下，就自然会记得很熟了。还有一个窍门，就是在和对方分开后，马上用笔把他的名字和特征写下来，放在你的"档案"里，可以写在笔记本上，也可以记在手机里，这样就不怕忘记了。

当然，你和别人交谈的时候，不应该将你企图想找别人特征的想法表现出来，更不要因为急于记住对方而忽视了你们之间的交谈，这是得不偿失的做法。所以，在你做这项"工作"的时候，态度要自然，不要露出失态之举，所有的动作，只保留在你心里就可以了。

此外，我们之所以容易忘记别人的名字，多数情况下是因为没有集中精力听他们自我介绍。所以，当他人做自我介绍的时候，你应当全神贯注，让对方觉得他的名字对你很重要。

在你记住了别人的姓名之后，就要学会应用。下次再和他见面交谈的时候，抓住时机，喊一次他的名字，试试看，看他有怎样的反应。当然，在什么时候称呼别人的名字，也要注意，不能不分时间场合地去叫，这样反倒会产生相反的效果。

卡耐基曾经说过："一个人的姓名是他自己最熟悉、最甜美、最妙不可言的声音，在交际中最明显、最简单、最重要、最能得到好感的方法，就是记住别人的名字。"

所以，记住别人的名字是你走向成功的第一步。可能会有人认为这是小题大做，但不可否认的是现代社会中人们希望被尊重、被承认的心态越来越强，使对方有被尊重的感觉，同时使自己赢得对方的好感。

你所要做的，只不过是记住一个名字——天底下没有比这更简单的事了！

5. "懒"而聪明的人可以做统帅

犹太人做生意全世界有名，在生意场上，他们常常使出一些常人意想不到的高招，轻松赚得巨额财富。

在日本东部有一个风光旖旎的小岛——鹿儿岛，因气候温和、鸟语花香，每年吸引大批来自各地的观光客。有一位名叫阿德森的犹太人在日本经商已有多年，他第一次登上鹿儿岛之后，便喜欢上了这里，决定放弃过去的生意，在此建一座豪华气派的鹿儿岛度假村。一年后，度假村落成。但由于度假村地处一片没有树木的山坡，一些投宿的观光客总觉得有些许扫兴，建议阿德森尽快在山坡上种一些树，改善度假村的环境。阿德森觉得这个建议好是好，但工钱昂贵，又雇不到工人，因此迟迟无法实现。

不过，阿德森毕竟很有经商的天分，他脑子一转，立即想出了一个妙招——借力。他迅速在自家度假村门口及鹿儿岛各主要路口的巨型广告牌上打出一则这样的广告：

各位亲爱的游客：您想在鹿儿岛留下永久的纪念吗？如果

想，那么请来鹿儿岛度假村的山坡上栽上一棵"旅行纪念树"或"新婚纪念树"吧！

绿色是诱人而令人开心的。那些常年生活在大都市的城里人，在废气和噪音中生活久了，十分渴望到大自然中去呼吸一下新鲜空气，休息休息，如果还能亲手栽上一棵树，留下"到此一游"的永恒纪念，那别提多有意思了。于是，各地游客纷纷慕名而来。一时间，鹿儿岛度假村变得游客盈门，热闹非凡。当然，阿德森并没有忘记替栽树的游客准备一些花草、树苗、铲子和浇灌的工具，以及一些为栽树者留名的木牌。并规定：游客栽一棵树，鹿儿岛度假村收取300日元的树苗费，并给每棵树配一块木牌，由游客亲手刻上自己的名字，以示纪念。这是很有吸引力的，出门游玩的人谁不想留个纪念？因此，一年下来，鹿儿岛度假村除食宿费收入外还收取了"绿色栽树费"共1000多万日元，扣除树苗成本费400多万日元，还赚了近600万日元。几年以后，随着幼树成材，原先的秃山坡变成了绿山坡。

让你出钱，让你出力，还让你高兴而来，满意而归，这似乎是不可能的事情。可精明的阿德森却看到了这一"不可能"之中的可能性，做了一笔一举两得的生意。这其中，我们看到了营销创意的价值和魅力。你瞧，本来是既花钱又费工的一件事，可是在营销高手的策略下，竟变为了招徕顾客的一种手段，你能不为之叫绝吗？

其实，阿德森所使的这一高招——借力，谁都知道，但能用得如此出神入化者就极其罕见了。

"借力"不仅是发财的高招，也是一个成大事者必须具备的能力，毕竟一个人的能力是有限的。俗话说："就算浑身是铁，又能打几根钉？"如果只凭自己的能力，会做的事很少；如果懂得借助他人的力量，就可以无所不能。

凭自己的能力赚钱固然是真本事，但是，能巧妙借他人的力量赚钱，却是一门高超的艺术。

"借力"的要点就是互惠互利，即要让自己受益，又能让对方受益。不让别人受益，别人肯定是不会为你所用的，比如，前文故事中阿德森的做法，并不是凭空想象出来的，而是他利用都市人渴望与大自然亲密接触的美好愿望推出的"奇招"。如果栽树不能满足都市人的这一心理需求，他们肯定是不会自己掏钱去替阿德森免费栽树的。

拿破仑曾经说过一句这样的话："懒而聪明的人可以做统帅。"所谓"懒"，指的就是不逞能，不争功，能让别人干的自己就不去揽着干。尽量借助别人的力量，这在某种意义上来说，是在告诫我们现实生活中那些渴望成功的人：要善于"借力"。别人能干的，自己不必干。

那么，具体我们该如何来用好这一招呢？

（1）借上司的"力"。

上司的"力"是否好借，这就要看你对上司了解和熟悉的程度了。

首先要充分了解和熟悉自己的上司。比如，其经历、好恶、工作习惯等……精明的上司赏识的都是那些熟悉自己、并能预知自己心境和愿望的下属。

其次，要充分理解上司的真实意图。当你被委以重任时，上级对你说："好好干啊！"于是你就回答说："我一定好好干。"似乎如此回答是理所当然的。可是从一开始，你就犯了一个错误，因为你不清楚被拜托的是什么？要好好干的是什么？为什么要干？干到什么时候？干到什么程度？等等……所以，应该明白上司的真实意图，站在上司的角度考虑问题，在实践的过程中还要经常征求上司的意见和建议。

再次，要明白上司的难处，关键时候还要主动站出来做出一些自我牺牲或放弃自己的个人利益，上司自然会认为你够朋友、讲感情、有觉悟，你在他心目中的形象就会更好。

最后，不要喧宾夺主。有些人，有了些权力之后，就自以为大权在握，就不把别人甚至上司放在眼里。除此以外，还可能会成为上司的打击对象，这样离被炒鱿鱼就不远了。

（2）借同级的"力"。

俗话说："孤掌难鸣。"如果在工作时得不到同事的支持，是很难有所作为的。当然，作为同事，有时候免不了有利益冲突，比如，政治荣誉的归属和经济收益的分配等……这时候，就应该学会谦虚，主动礼让，不要争功，更不要揽利。应主动征求同事对自己工作和作风上的意见和建议，彼此真诚相待。

（3）敢于"借贷款"。

小商品经营大王格林尼说过："真正的商人敢于拿妻子的结婚项链去抵押。"小心谨慎地做自己的生意，固然是必要的，但要在商圈上成大气候，还得要大胆地向前迈步走，事实上，不少白手起家的富翁都有过借债。

法国著名作家小仲马在他的剧本《金钱问题》中说过这样一句话："商业，这是十分简单的事。它就是借用别人的资金！"也证明了财富是建立在借贷上的。但还是需要创造财富者有充分利用借贷，擅长利用借贷款的能力。

（4）让别人的头脑、技术为自己所用。

让别人的头脑、技术为自己所用，善于将别人的长处最大限度地变为己用，这是最聪明的办法，最省钱省事，也是最快的成功捷径。

（5）借助舆论，扩大你的优势。

从明星的绯闻到政客的传奇，诸多事件都验证了舆论的强大威力。在社会上，舆论像汹涌的波涛，可以把你淹没海底，也可以把你推上天空。

真正有心计的人，几乎都善于利用舆论来为自己服务；他们牢牢地锁定目标，制造出"非我莫属"的声势。你要善于人为地为自己制造一些焦点和声势。即使有雄心也不要急于行动，而是利用方方面面的力量，为达到自己的真正意图摇旗呐喊，最终达到自己的目的。

（6）找一棵可以遮风避雨的"大树"。

人生路上充满了很多艰辛坎坷，光靠一个人的努力有时难以面对，显得势单力薄。因此，如果能找到一棵可以遮风避雨的"大树"，进可以攻，退可以守，在有坚实后盾的情况下取得成功也就易如反掌。

第一，什么样的人适合做靠山？

这可是最重要的问题。以下几个方面可供参考：

有家世背景的人。显赫的家世自然让你受益匪浅，但是你同时要明白家世背景不一定保证他一辈子风光，如果他品行不正、能力不行，那么跟这种人的关系也不能长久。

功成名就之人。找这种人当"大树"，除非你有特别的表现，或者你的某些长处正好被人看中，否则你再怎么"跟"，他还是看不见你！

有能力有潜力之人。这种人可能是最好跟随之人，他们是一种"潜力股"，一时看不出效益，如果长期做下去必有收获。但有能力有潜力的人也不一定最终飞黄腾达，人的机遇是很难说的，所以你跟随的时候要无怨无悔！

第二，要应对"大树"对你的考验。

你必须在与他往来之间，让他了解你的能力、上进心、人格、家世和忠诚，也就是说，要他能够信赖你；这就需要一个过程，而这一过程可能需要半年、一年，也有可能更漫长，而你不仅要好好表现，还要在难熬的岁月中等待机会，应对"大树"对你的考验。

最后要提醒你的是，当你找到自己的"靠山"与"乘凉之树"后，不能完全倚仗他人来生活，你只是利用一下他人提供的条件罢了，你自己还得更加努力。

6. 不能爱我们的仇人，至少要爱我们自己

在日常生活中，难免会发生这样的事：亲密无间的朋友，无意或有意做了伤害你的事，你是宽容他，还是从此分手，或伺机报复？有句话叫"以牙还牙"，分手或报复似乎更符合人的本能心理。但这样做了，怨会越结越深，仇会越积越多，所谓冤冤相报何时了。

如果你在切肤之痛后，采取别人难以想象的态度，宽容对方，表现出别人难以达到的襟怀，你的形象瞬时就会高大起来，你的宽宏大量、光明磊落使你的精神达到了一个新的境界，你的人格折射出高尚的光彩。

二战期间，一支部队在森林中与敌军相遇，激战后两名战

士与部队失去了联系。这两名战士来自同一个小镇。

两人在森林中艰难跋涉，他们互相鼓励、互相安慰。十多天过去了，他们仍未与部队联系上。这一天，他们打死了一头鹿，依靠鹿肉又艰难度过了几天。也许是战争使动物四散奔逃或被杀光，这以后他们再也没看到过任何动物。他们仅剩下的一点鹿肉，被年轻战士背在身上。这一天，他们在森林中又一次与敌人相遇，经过再一次激战，他们巧妙地避开了敌人的追击。

就在自以为已经安全时，只听一声枪响，走在前面的年轻战士中了一枪——幸亏伤在肩膀上！后面的士兵惶恐地跑了过来，他害怕得语无伦次，抱着战友的身体泪流不止，并赶快把自己的衬衣撕下包扎战友的伤口。

晚上，未受伤的士兵一直念叨着母亲的名字，两眼直勾勾的。他们都以为他们熬不过这一关了，尽管饥饿难忍，可他们谁也没动身边的鹿肉。天知道他们是怎么过的那一夜。第二天，部队救出了他们。

事隔30年，那位受伤的战士安德森说："我知道谁开的那一枪，他就是我的战友。当时在他抱住我时，我碰到他发热的枪管。我怎么也不明白，他为什么对我开枪？但当晚我就宽容了他。我知道他想独吞我身上的鹿肉，我也知道他想为了他的母亲而活下来。此后30年，我假装根本不知道此事，也从不提及。战争太残酷了，他母亲还是没有等到他回来，我和他一起祭奠了老人家。那一天，他跪下来，请求我原谅他，我没让他说下去。我们又做了几十年的朋友，我宽容了他。"

即使一个非常宽容的人，也往往很难容忍别人对自己的恶意诽谤和致命的伤害。但唯有以德报怨，把伤害留给自己，才能赢得一个充满温馨的世界。释迦牟尼说："以恨对恨，恨永远存在；以爱对恨，恨自然消失。"

有个青年总是愤世嫉俗，在学习、生活、工作中遭遇了许多误解和挫折，由于得不到别人的理解，渐渐地养成了以戒备和仇恨的心态看待他人的习惯，总是对别人的小错误斤斤计较，仇恨那些不理解自己的人，结果人际关系十分紧张。在压抑郁闷的环境中，他感觉整个世界都在排斥他，因此度日如年，处在崩溃边缘。

有一天出门散心，他登上了一座景色宜人的大山。坐在山上，他无心欣赏优雅的风景，想想自己这些年的遭遇，内心的仇恨像开闸的洪水一样，忍不住大声对着空荡幽深的山谷喊："我恨你们！我恨你们！我恨你们！"话一出口，山谷里传来同样的回音："我恨你们！我恨你们！我恨你们！"他越听越不是滋味，于是又提高了喊叫的声音。他骂得越厉害回音也越大越长，扰得他更恼怒。

就在他再次大声叫骂后，从身后传来了"我爱你们！我爱你们！我爱你们！"的声音，他扭头一看，只见不远处寺庙里的方丈在冲着他喊。

片刻后方丈微笑着向他走来, 笑着说: "倘若世界是一堵墙, 那么爱是世界的回音壁。就像刚才我们的回音, 你以什么样的心态说话, 它就会以什么样的语气给你回音。爱出者爱返, 福往者福来。为人处世许多烦恼都是因为对别人斤斤计较, 怀恨在心而产生的。你热爱别人, 别人也会给你爱; 你去帮助别人, 别人也会帮助你。世界是互动的, 你给世界几分爱, 世界就回你几分爱。爱给人的收获远远大于恨带来的暂时的满足。"

听了方丈的话, 他愉快地下山了。回去后他以积极、健康、友爱的心态对待身边的一切, 他和同事之间的误解没有了, 没有人和他过不去, 工作上他比以往顺利了, 他发现自己比以前快乐多了。

生活中没有永远的仇人, 只要心中的怨恨消失, 仇人也能变成朋友。如果我们的仇人了解我们对他的怨恨使我们精疲力竭, 使我们疲倦而紧张不安, 甚至也许使我们折寿的时候, 他们不是会拍手称快吗? 我们为什么要用仇人的错误惩罚自己呢?

即使我们不能爱我们的仇人, 至少我们要爱我们自己。我们要使仇人不能控制我们的快乐、我们的健康和我们的外表。就如莎士比亚所说的: "不要由于你的敌人而燃起一把怒火, 就让心中的烈焰烧伤自己。"

7. 给自己一个善良的灵魂

自古以来，"善"字始终受到世人的推崇：待人处事，强调心存善良、向善之美；与人交往，讲究与人为善、乐善好施；对己要求，主张独善其身、善心常驻。善意产生善行，同善良的人接触，往往智慧得到开启，情操变得高尚，灵魂变得纯洁，胸怀更加宽阔。

一位小和尚外出办事，在返回途中，突然雷声隆隆，下起了大雨。大雨滂沱，看样子一时不会停止。小和尚心急四望，忽然发现不远处有一座庄园，便立刻飞跑过去躲避风雨。

因天已是傍晚，此处离寺庙还有很长一段路。小和尚就打算请求庄园的主人借宿一晚。

守门的仆人见是个小和尚敲门，问明来意，冷冷地说："我家老爷向来和僧道无缘，你最好另做打算吧！"

"雨这么大，附近又没有其他的小店人家，还是请您给个方便。"小和尚恳求。

"我不能擅自做主，等我进去问问老爷的意思。"仆人入内请示，一会儿出来，仍然不肯答应，小和尚只好请求在屋檐下暂歇一晚，结果，仆人依旧摇头拒绝。

小和尚无奈，便向仆人问明了庄园主人名号，然后冒着大雨，全身湿透奔回了寺庙。

几年后，庄园老爷纳了个小妾，宠爱有加。小妾想到庙里上香祈福，老爷便陪着一起出门。到了庙里老爷忽然瞥见自己的名字被写在一块显眼的长生禄位牌上，心中纳闷，找到一个正在打扫的小和尚，向他打听这是怎么回事。

小和尚笑了笑说："这是我们住持三年前写的，有天他淋着大雨回来，说有位施主和他没有善缘，所以为他写了一块长生禄位。住持天天诵经，回赠功德给他，希望能和那位施主解冤结、添善缘，至于详情，我们也都不是很清楚……"

庄园老爷听了这番话，当下了然，心中既惭愧又不安。后来，他便成了这座寺庙虔诚供养的功德主，香火终年不绝。

拥有善心的人，才会有豁达的心胸，真诚地与人相处，善待家人、朋友和他人。和这样心地善良的人交往，如春风荡漾人们的心田。有爱心的人，能够得到生活的回报，真真切切地感受生活的美好，

善良之人经常造福于他人，实质上也是造福于自己。"帮助别人，就是帮助自己。"这句话绝不只是简单的因果报应，而是做人的根本。让善良与生命同在，对于人来讲是莫大的福分。

在第二次世界大战中的一天，欧洲盟军最高统帅艾森豪威尔在法国的某地乘车返回总部，参加紧急军事会议。那一天大雪纷飞，天气寒冷，汽车一路奔驰。忽然他看到一对法国老夫妇坐在路边，冻得发抖。他立即命令身旁的翻译官下车去询问。

一位参谋急忙提醒他说："我们必须按时赶到总部开会，这种事情还是交给当地的警方处理吧。"可是艾森豪威尔坚持说："如果等到警方赶来，这对老夫妇可能早就冻死了！"经过询问他们才知道这对老夫妇是去巴黎投奔儿子，但是汽车却在中途抛锚了。这里前不着村后不着店，因此不知如何是好。艾森豪威尔听后立即请他们上车，并且特地将老夫妇送到巴黎。然后才赶回总部。

艾森豪威尔根本没有想过行善图报。然而，他的善良却得到了意想不到的回报。原来，那天德国纳粹的狙击手早已预先埋伏在他们的必经之路上，只等他的车一到就立刻实施暗杀行动。如果不是为帮助那对老夫妇而改变了行车路线，他恐怕很难躲过这场劫难。假如艾森豪威尔遭到伏击身亡，那整个第二次世界大战的历史很可能因此而改写了。

世人有时会认为善良的人很傻、很笨。其实善良是人性中最崇高的美德，行善积德的人，令人敬佩。一个人有了善良的心，才能完善自己的人生。一个人不会因为自己的善心善行而损失什么，相反他还会因为他的积德而得到福报。因为善良是生命的黄金。

善良所带来的美丽，不仅发自内心，溢于言表，并且持久高贵。《巴黎圣母院》中的卡西莫多是世界文学史上的一个最著名的丑人，但在读者和观众看来，他实在要比那位卫队长和神父美丽得多。读者和观众之所以会有这样的审美感受，显然是因为他的奋不顾身的善良。

莎士比亚说过，"外在的相貌其实是内心世界的一面镜子：善良使人美丽。拥有一颗善良的心，远胜过任何服饰、珠宝和装扮。"美好的品行能帮你塑造美好的外貌，慢慢地令你周身透出可亲、动人和美丽的光芒，充满迷人的魅力。

播种善良，才能收藏希望。一个人可以没有让旁人惊羡的姿态，也可以忍受"缺金少银"的日子，但离开了善良，却足以让人生搁浅和褪色。

第八章

先有旺季的思路，才能打开旺季的市场

正确的努力，并不是教你如何跟其他人竞争，而是开拓出一条独一无二罕有竞争者的道路。你必须先有旺季的思路，才能打开旺季的市场。

1. 思路常新，不落俗套

有了正确的思路，才能发挥出卓越的智慧。美国著名地质学家华莱士在总结其一生成败经验的著作《找油的哲学》中这样写道："找油的地方就在人的大脑中。"他提出了一个著名的观点：人的大脑里蕴藏着丰富的宝藏，而思路是其中最珍贵的资源。

一家建筑公司的经理忽然收到一份购买两只小白鼠的账单，心里好生奇怪。原来这两只小白鼠是他的一个员工买的。他把那个员工叫来，问他为什么要买两只小白鼠。

员工回答道："上星期我们公司去修的那所房子，要安装新电线。我们要把电线穿过一根10米长，但直径只有2.5厘米的管道，而且管道砌在砖墙里并且弯了4个弯。我们当中谁也想不出怎么让电线穿过去，最后我想到一个好主意。

"我到一家商店买来两只小白鼠，一公一母。然后我把一根线绑在公鼠身上并把它放到管子的一端。另一名工作人员则把那只母鼠放在管子的另一端，逗它吱吱叫。公鼠听到母鼠的叫声,便沿着管子跑去救它。公鼠沿着管子跑,身后的那根线也被拖着跑。我把电线拴在线上,小公鼠就拉着线和电线跑过了整条管道。"

成功的喜悦从来都是属于那些思路常新、不落俗套的人们。要想在职场中大展宏图,就要在你的头脑中形成正确的思路,并决心为之付出努力。

一天,有人要出售一块铜,要价竟然高达28万美元。一些记者很好奇,后来得知,原来卖铜的这个人是个艺术家。不过,不管怎样,对于一块只值9美元的破铜块,他的要价无疑是个天价。为此,他被请进了电视台,向人们讲述了他的道理。他认为:一块铜,价值9美元,如果做成门把手,价值就增加为21美元;如果制成纪念碑,价值就应该增加为28万美元。他的创意打动了华尔街的一位金融家,结果那块只值9美元的铜被制成了一尊优美的铜像,成为一位成功人士的纪念碑,最后的价值增加到30万美元。

9美元与30万美元之间的差距,可以认为是思考的结晶、创造力的体现,或者说这中间的差价,就是思维的价值、创造力的价值。由此,我们不难看出,思路对我们的工作和生活有多么重要。在现实生活中,善于思考问题、善于改变思路的人,总能在困境中寻找到解决问题的方法,在成功无望的时候创造出柳暗花明的奇迹。

当今社会，经济的发展格外受重视。多年来形成的市场经济规律告诉我们：只有思路常新才有出路，只有好的思路才能让我们突破困境，找到正确的方向。

美国食品零售大王吉诺·鲍洛奇一生给我们留下了无数宝贵的商战传奇。10岁那年，鲍洛奇的推销才干就显露出来了。那时他还是个矿工家庭的穷孩子，他发现来矿区参观的游客们喜爱带走些当地的东西作纪念，他就拣了许多五颜六色的铁矿石向游客兜售，游客们果然争相购买。不料其他的孩子立即群起效仿，鲍洛奇灵机一动，把精心挑选的矿石装进小玻璃瓶。阳光之下，矿石发出绚丽的光泽，游客们简直爱不释手，鲍洛奇也乘机将价格提高了1倍。也许正是这个有趣的经历，使得鲍洛奇对变通销售与定价有独到的理解。在一生的商业生涯中，他一直保持灵活变通的思想。

鲍洛奇的公司曾生产一种中国炒面，为了给人耳目一新的感觉，他在口味上大动脑筋，以浓烈的意大利调味品将炒面的味道调得非常刺激，形成一种独特的中西结合的口味，生产出了优质的中国炒面。同时，使用一流的包装和新颖的广告展开大规模的宣传攻势，打出"中国炒面是三餐之后最高雅的享受"的口号，把中国炒面宣传成家庭财富和社会地位的象征。鲍洛奇这一做法相当成功。他把注意力主要集中在了大量中等收入的家庭上。他认为，中等收入的家庭，一般都讲究面子，他们买东西固然希望质优价廉，但只要有特色，哪怕价钱贵一些，他们也认为物有所值，他们是中国食品生意的主要对象。所以针对他们的心理，鲍洛奇在包装和宣传上花了很多精力。果然不出所料，中等家庭的主妇们皆以选购中国炒面为荣，尽管鲍洛奇的定价很高，她们依然不觉得贵。

另一方面，鲍洛奇很会揣摩顾客的心理，常常利用较高的价格吸引顾客的注意力。由于新产品投放市场之初，消费者对这种相对高价格商品的品质充满了好奇，很容易就激发了他们的购买欲。并且，一种产品的定价较高，可以为其他产品的定价腾出灵活的空间，企业总能占据主动。当然，这一切都是建立在产品的品质的确不同凡响的基础上的。

有一次，鲍洛奇的公司生产的一种蔬菜罐头上市的时候，由于别的厂商同类产品的价格几乎全在每罐5角钱以下，所以公司的营销人员建议将价格定在4角7分到4角8分之间。但鲍洛奇却将价格定在5角9分，一下提高了20%！鲍洛奇向销售人员解释说，5角钱以下的类似商品已经很多了，顾客们已经感觉不到各种商品之间有什么区别，并在心理上潜意识地认为它们都是平庸的商品。如果价格定在4角9分，顾客自然会将之划入平庸之列，而且还认为你的价格已尽可能地定高，你已经占尽了便宜，甚至产生一种受欺骗的感觉；若你的产品价格定在5角以上，立即就会被顾客划入不同凡响的高级货一类；定价至5角9分，既给人感觉与普通货的价格有明显差别，品质也有明显差别，还给人感觉这是高级货中不能再低的价格了，从而使顾客觉得厂商很关照他们，顾客反而觉得自己占了便宜。经鲍洛奇这么一解释，大家恍然大悟，但总还有些将信将疑。后来在实际的销售中，鲍洛奇掀起了一场大规模促销行动，口号就是"让一分利给顾客"，更加强化了顾客心中觉得占了便宜的感觉，蔬菜罐头的销售大获全胜。5角9分的高价非但没有吓跑顾客，反倒激起了顾客选购的欲望，公司的营销人员不得不佩服鲍洛奇善于变通的本事。

在走向成功的路上，总是会有各种各样的麻烦。但是我们不能因为那些麻烦而放弃了追求，更不能被胆怯阻碍了前进的脚步。成功与失败之间、幸福与不幸之间，往往只有一步之遥。只要你拥有好的思路，勇敢地面对生活，那么在征服困境之后，你就能享受胜利的甘甜，成功也将为你敞开大门。

2. 我们最终仍能殊途同归

　　古罗马有一句俗语是"条条大路通罗马"。关于这句话，有这样一个小典故。罗马城作为当时地跨亚非欧的罗马帝国的经济、政治和文化中心，频繁的对外贸易和文化交流使得大量外国商人和朝圣者络绎不绝。罗马统治者为了加强对罗马城的管理，修建了一条条大道。它们以罗马为中心，通向四面八方。据说人们无论是从意大利半岛的某一个地方还是欧洲的任何一条大道开始旅行，只要不停地往前走，都能成功抵达罗马城。而现在"条条大路通罗马"是形容达到一个目的的方法多种多样，我们在实现目标过程中会有多种选择。

　　无论是在追求梦想的道路上，还是在日夜奔波的生活中，我们常常会遇到"此路不通"的尴尬境地，但是变化已经存在，我们就只能去适应变化，调整自己。

　　一位母亲列了一份清单让自己的孩子出门买各种杂粮，并在孩子临走时给了他几个装米的袋子。

　　孩子来到粮店，依照购买清单一一过目，这才发现少了一个袋子。清单上详细地写了大米、小米、高粱和玉米四种粮食，而母亲就给了三个袋子。孩子没有多余的钱买布袋，也就没办法买全所有的粮食，于是就只装满了三个袋子回家了。

归来后，孩子一进门就抱怨母亲不仔细检查布袋，以至于让自己还要再跑一趟，买剩下的玉米。母亲笑了笑："你不会找老板要一根绳，然后把装的少的布袋从中间扎牢，那么上面一层不就可以装玉米了？实在没想到的话，你还可以再买一个布袋装玉米啊？"孩子反驳说没有多余的钱买布袋。母亲又笑了笑："傻儿子，你不会少要一斤米啊？这样不就能买布袋了吗？"

孩子一听傻了眼，又羞又恼地去买玉米了。

在问题面前，我们要想办法解决。一种办法解决不了，我们还可以想其他办法。最重要的是在遇到问题时不能循规蹈矩，墨守成规，一头钻进死胡同。要学会转换思路，改变角度，那样你会发现解决问题其实一点也不难。

我们必须意识到变化随时随地都有可能发生。我们不但要适应变化，适时调整，还要学会预见变化，做好迎接挑战的准备。

"此路不通彼路通，此路风景独好，彼路风景更胜。"事实上，我们之所以会执着于此路而停滞不前，是因为我们的固有思维认为那是最顺畅、最好的一条路。惯性思维方式让我们错过了许多宽敞顺畅的大路，也错过了许多别样的美丽风景。

第八章
先有旺季的思路,才能打开旺季的市场

"观光电梯"的发明其实很偶然,它的创意是在一次增设电梯的工程中闪现的。

因为人流量的加大,原本的电梯已不能满足人们的使用需求,美国摩天大厦出现了严重的拥堵问题。为了尽快解决这一问题,工程师建议大厦尽快停业整修,直到将新的电梯修好为止。这个建议很快得到了上层领导的认可并被付诸行动。当电梯工程师和大厦建筑师们做好了一切准备工作,开始要穿凿楼层时,一位大厦里的清洁工在询问情况时激发了工程师们的创意。

"你们得把各层的地板都凿开吗?"清洁工问道。工程师向她解释,如果不凿开,那就没法装入新的电梯。

"那大厦岂不是要停业很久?"清洁工又问道。工程师无奈地点头,"每天的拥堵情况你也看到,我们没有别的办法,也不能再耽误了,否则情况更糟。"

清洁工不经意地随口说道:"要是我,我就把电梯装到外面去。"

这个看似不经意的建议,其实蕴含了无限大的智慧。也许身为清洁工的当事人并没有察觉到她的一句玩笑话会成为工程师们的创意亮点。于是世界上第一座"观光电梯"就这样孕育而生了。

专业工程师为了解决大厦拥堵的状况,决定在大厦内再安装一架电梯,这一方案可谓吃力不讨好。而另一个方案不仅解

决了问题，缩小了大厦停业的可能性，而且还创造出了有观景作用的电梯。所以这条路不仅解决了问题，而且还能使人们欣赏到最美的风景。

为什么工程师们的专业眼光就产生不了这一奇妙的创意呢？根本原因就在于这些工程师早已束缚在一成不变的建筑知识体系当中，形成了一套固有的思维方式。因而每个人都应避免这种思维方式对处理问题的束缚，这样才能发现更好的解决方法。

获得成功的途径是多种多样的，并不是鲁迅弃医从文才会获得成功，以他的伟大人格和深厚知识来说，即使他继续学医，往后未必不是另一个"白求恩"。像天才达·芬奇，他的建树不仅在于艺术绘画等方面，在天文、物理、医学、建筑、水利和地质等方面他都有一些重要的成就，成为后世学科研究的最好参照。

每一条路都能通往成功，唯一不同的只是这些路的艰险情况。正如"条条大路通罗马"一样，在不同的行业里，用不同的奋斗方式，都能使我们获得成功。"此路不通"的情况只存在于路标牌中，因为通过绕行，我们最终仍能殊途同归。

3. 摸着石头过河

遇到困难,人们总喜欢以顺势思维去思考,希望在相同的领域里摸索到能够解决问题的方法,但有时却根本满足不了我们的需求。而高效能人士,会尝试从其他的领域找方法。

人与人之间、事物与事物之间都存在着很多相似点,虽然表现的方式是不同的,但是只要你有一双善于发现的眼睛,你就可以找到他们的共同点,从而刺激大脑,找到解决问题的思路。

300多年前,一位奥地利医生给一个胸腔有疾的人看病,由于当时技术落后,医生无法发现病因,病人不治而亡。后来经尸体解剖,才知道死者的胸腔已经发炎化脓,而且胸腔内积水。这位医生非常自责,决心要研究判断胸腔积水的方法,但始终不得其解。恰好,这位医生的父亲是个酒商,他不但能识别酒的好坏,而且不用开桶,只要用手指敲敲酒桶,就能估量出桶里面有多少酒。医生由此联想到,人的胸腔不是和酒桶有相似之处吗?父亲既然能通过敲酒桶发出的声音判断桶里有多少酒，那么，如果人的胸腔内积了水，敲起来的声音也一定和正常人不一样。此后，这个医生再给病人检查胸部时，就用手敲敲听听。他通过对许多病人和正常人的胸部的敲击比较，终于能从几个部位的敲击声中，诊断出胸腔是否有病，这种诊断方法现代医学称为"叩诊法"。

后来，这种"叩诊法"得到进一步发展。1861年，法国男医生雷克给一位心脏病妇女看病时，非常为难。正在此时，他忽然想起了一种儿童游戏。孩子们在一棵圆木的一头用针乱划，另一头用耳朵贴近圆木能听到刮削声。由此，他有了主意。他请人拿来一张纸，把纸紧紧卷成一个圆筒，一端放在那妇人的心脏部位，另一端贴在自己的耳朵上，果然听到病人的心脏的跳动声，而且效果很好。后来，他就将卷纸改成小圆木，再改成橡皮管，另一头改进为贴在患者胸部能产生共鸣的小盒，就成了现在的听诊器。

摸着石头过河，尽管医生在探索的过程中能够感受到艰难，打破行业的界限也不是一件容易的事情，但是，面临自己解决不了的难题，既然没有更好的方法，那么我们完全可以开阔自己的思路，吸收一些不同的想法和做法，举一反三，让不相同的事物串起来，使不可能变成可能。

在生活中，高效能人士会以一点观全局，他们有以此类事物联想到彼类事物的思维方式。特别是在职场中，他们很多人都从事过不同的行业，他们不会觉得自己的不同经历之间是没有联系的，比如：可能他们现在在做编辑，但是曾经做过的销售工作，也能为他们开阔思路起到一定的作用，他们的生活阅历也将是你进行创作的基础；可能他们现在在做文员，可是以前的教师职业也能让他们感受到文科办公室里的氛围，他们的思想会在那个氛围当中得到很好的熏陶……

虽然摸着石头过河有一些冒险，但是当你渡过了难关，你就会发现，自己已经从毛毛虫变成了一只翩翩起舞的漂亮蝴蝶。

在企业当中，同样需要将触类旁通运用到极致。众所周知，市场是没有现成的规律可以遵循的，它总是在以飞快的速度变化着。如果我们想要依靠相同领域里的其他人的思想来为自己创造效益，那么无疑我们就是在模仿他人。跟在别人的身后，是不会有什么大发展的，所以我们要走出一条属于自己的道路。但这又十分艰难。

人与人之间、事物与事物之间都存在着很多相似点，虽然表现的方式是不同的，但是只要你有一双善于发现的眼睛，你就可以找到他们的共同点，从而刺激大脑，找到解决问题的思路。

4. 你的格局决定你的结局

人生总有这样的时刻：走到某一步，好像突然被"卡"住了，怎么也走不出去。

眼前的一念一境，仿佛具有超凡的"魔力"，使你无法走到另外一个阶段。这就是佛家所谓的"局"。所谓"当局者迷"，"一叶障目，不见泰山"，说的就是这种情况。

限于眼前之"局"，显示着人生的大被动。这种"卡"跟"限"，可能体现在外在，即环境的制约，也可能体现在内在，即人的心情、信念、价值、智慧、胆识等。

但是归根结底都在内在。因为即使是环境的制约，只要你勇于将眼界拓宽，到更广阔的空间里去，外在的制约也会消失。

1890年，工程师杰拉德·飞利浦将一座破产的工厂买下，生产碳丝灯泡。

但是他只懂技术，不善经营，到了第四年，就再也经营不下去了，打算把工厂清产出售，但别人只肯出极低的价钱。这时，他21岁的弟弟安东·飞利浦出山。安东一上任就做出十分重要的决定：跳出狭小的荷兰，到面积广大、人口众多但还处于落后地方的俄国去！

一到俄国，他就得到了极好的机会：不仅市场广阔，而且时值沙皇亚历山大二世推动俄国的现代化。所以他的新产品一下子便得到了俄国人的青睐。当他把得到50000个灯泡订单的电报打回荷兰时，他哥哥根本不相信，甚至打电报询问："是否5000个之误？"飞利浦公司在安东的经营下逐渐成了闻名天下的大公司。

一位哲人说："人生是一场盛宴，绝不只是一道好菜。"

确实，生活比我们所感受的要广阔得多，尚有更多、更新的体验有待探索，许多更好的东西有待我们去尝试。

遗憾的是：许多人总是看不到这一点，或者，小得即喜，不去进一步开拓；或者，认定现有的状况就是永远的状况，即使一点也不满意，也甘于"认命"。

这样的人生，不要说对盛宴毫无感觉，甚至连一道好菜也品尝不到。

正如《菜根谭》中所讲的："德随量进，量由识长。故欲厚其德，不可不弘其量，欲弘其量，不可不大其识。"翻译成我们今天的话，就是：有什么样的人生格局，就有什么样的人生结局。

努力就是旺季
不努力就是淡季

几个人在岸边岩石上垂钓，一旁有几名游客在欣赏海景之余，围观他们钓上来的鱼，口中啧啧称奇。

只见一个钓者竿子一扬，钓上来一条大鱼，约三尺来长。落到岸上后，那条鱼依然腾跳不已，钓者冷静地解下鱼嘴内的钓钩，顺手将鱼丢回海中。

围观的众人发出一阵惊呼，这么大的鱼犹不能令他满意，足见钓者的雄心之大。就在众人屏息以待之际，钓者渔竿又是一扬，这次钓上的是一条两尺长的鱼，钓者仍是不多看一眼，解下鱼钩，便把这条鱼放回了海里。

第三次，钓者的渔竿又再次扬起，只见钓线顶端钩着一条不到一尺长的小鱼。围观的众人以为这条鱼也将和前两条大鱼一样，被放回大海，不料钓者将鱼解下后，小心地放进自己的鱼篓中。

游客中有一人百思不解，追问钓者为何舍大鱼而留小鱼。

钓者经此一问，回答道："哦，那是因为我家里最大的盘子只不过有一尺长，太大的鱼钓回去，盘子也装不下……"

舍三尺长的大鱼而宁可取不到一尺的小鱼，这是令人难以理解的取舍，而钓者的唯一理由竟是因为家中的盘子太小，盛不下大鱼！

在我们的生活经历中，其实也存在许多类似的例子。例如，很多时候，我们有一番雄心壮志时，就习惯性地提醒自己："我想得也太天真了吧，我只有一个小锅，煮不了大鱼。"

因为自己背景平凡，而不敢去梦想非凡的成就；因为自己学历不高，而不敢立下宏伟的大志；因为自己自卑保守，而不愿打开心门，去接受更好、更新的信息……凡此种种，我们画地为牢、故步自封，既挫伤了自己的积极性，也限制了自己的发展，造成了一辈子的平庸无能。

那些人生篇章舒展不开，无法获得大成就的人，大多是没有大格局的人。所谓大格局，就是以长远的、发展的、战略的、全局的眼光看待问题，以博大的胸襟对待人和事。对一个人来说，格局有多大，这辈子的成就就有多大。那些想成大业的人需要高瞻远瞩的视野和不计小嫌的胸怀，需要"活到老学到老"的人生大格局。古今中外，大凡成就伟业者，他们都是一开始就从大处着眼，一步步构筑他们辉煌的人生大厦的。

如果把人生比作一盘棋，那么人生的结局就由这盘棋的格局所决定。在人与人的对弈中，舍卒保车、舍车保帅、飞象跳马……种种棋着就如人生中的每一次博弈。相同的将士象，相同的车马炮，却因为下棋者的布局而大不相同，输赢的关键就在于我们能否把握住棋局。要想赢得人生的这盘棋局，就应当站在统筹全局的高度，有先予后取的度量，有运筹帷幄而决胜千里的方略与气势。棋局决定着棋势的走向，我们掌握了大格局，也就掌控了大局势。

通过规划人生的格局，对各种资源进行合理分配，才可能更容易地获得人生的成功，理想和现实才会靠得更近。人生每一阶段的格局，就如人生中的每一个台阶，只有一步一步地认真走好，才能够到达人生之塔的顶端。

所以，扩大自己内心的格局，去构思更大、更美的蓝图。我们将会发现，在自己胸中，竟有如此浩瀚无垠的空间，竟可容下宇宙间永恒无尽的智慧。

5. 拥抱直觉，而不是怀疑它

在这个强调理性思考的年代，很多人不敢相信自己的直觉，甚至羞于承认有时候会"顺着感觉"做决定。理性的逻辑训练让我们瞻前顾后，我们通常是怀疑直觉，而不是去拥抱它。

心理学家认为，直觉属于创造性思维的范畴，它可以产生和形成于任何科学、艺术、技术产品的思想和构思，在人类认识史上占有十分重要的地位。20世纪最伟大的科学家爱因斯坦说："真正可贵的因素是直觉。"德国物理学家黑尔姆霍兹说，他的许多巧妙设想，"不是出现在精神疲惫或伏案工作的时候，而常常是在一夜酣睡之后的早上，或者是当天气晴朗缓步攀登树木葱茏的小山时。"还有些科学家的灵感和顿悟发生在病榻之上,爱因斯坦关于时间空间的深奥概括是在病床上想出来的。生物学家华莱士关于进化论中自然选择的观点是在他发疟疾时想到的。

青年数学家阿普顿,刚到爱迪生的研究所工作时,爱迪生想考考他的能力,于是给了他一只实验用的灯泡,叫他计算灯泡的容积。一个小时过去了,爱迪生回来检查,发现阿普顿仍然忙着测量和计算。爱迪生说:"要是我,就往灯泡里灌水,将水倒入量杯,就知道灯泡的容积了。"毫无疑问,身为数学家的阿普顿,他的计算才能及逻辑思维能力是令人钦佩的,然而,这个问题表明,他所缺少的恰恰是像爱迪生那样的直觉思维能力。

居里夫人在深入研究铀射线的过程中,凭直觉感到,铀射线是一种原子的特性,除铀外,还会有别的物质也具有这种特性。

想到了立刻就做!她马上扔下对铀的研究,决定检查所有已知的化学物质,不久就发现另外一种物质——钍也能自发发出射线,与铀射线相似。居里夫人提议把这种特性叫作放射性,铀和钍这些有这种特性的元素就叫作放射性元素。这种放射性使居里夫人着迷,她检查全部的已知元素,发现只有铀和钍有放射性。她又开始测量矿物的放射性,突然她在一种不含铀和铈的矿物中测量到了新的放射性，而且这种放射性比铀和铈的放射性要强得多。凭直觉，她大胆地假定：这些矿物中一定含有一种放射性物质，它是今日还不为人知的一种化学元素。

有一天，她用一种勉强克制着的激动的声音对布罗妮雅说："你知道，我不能解释的那种辐射，是由一种未知的化学元素产生的……这种元素一定存在，只要去找出来就行了！我确信它存在！我对一些物理学家谈到过，他们都以为是试验的错误，并且劝我们谨慎。但是我深信我没有弄错。"在这种信念的驱使下，居里夫人终于和她丈夫一起发现了新的放射性元素：钋和镭。居里夫人以她出色的工作，两次获得诺贝尔奖。

以上两个例子都是对"直觉"的解释，假如我们能够了解，直觉是人类另一个认知系统，是和逻辑推理并行的一种能力，或许我们比较能够接受直觉的存在。让直觉进入我们的生活，与思考的能力并行，就像打开车子前面的两盏大灯，同时照亮我们左右两边的视野。

以下几个方法，可以帮助我们找回这个能力：

（1）放松独处。

不管是散步、独自开车、躺在床上休息或淋浴泡澡，都是体察内心深处、找回直觉的最好时刻。

画家达·芬奇在创作《最后的晚餐》时，会连日在脚手架上工作，也会一声不响就停下来休息。达·芬奇善于让工作和休息轮番上阵，酝酿出美好的艺术创作。

诚如《7Brains——达·芬奇的7种天才》一书中所说的："找出你的节奏，并学着信赖它们，此是通往直觉和创造力的简单秘诀。"

很多人都有类似的经验，"把一个问题带上床"，醒来时就得到解答。只有在放松、放慢脚步的时候，才有机会听到内在的声音，找到决策时所需要的"直觉"。

（2）保持心思意念的单纯。

当我们心里充满杂念或忧虑的时候，我们不但听不到心里的声音，也没办法接收外在的信息。

从事摄影工作的莉莉安认为每个人都有这个能力，她为了创作刻意保持的专心，让她有很强的直觉。

（3）不要轻易打发突如其来的想法、没有预期的感动或情绪。

直觉总是在无意之间翩然来到，我们所要做的是去听清楚那是什么东西，而不是急急否定或压抑它。

（4）学着使用直觉判断事情，并注意如何能成功地运用直觉。

可以从小事开始练习，只给自己几秒钟的时间决定事情，例如：点什么菜、穿什么衣服，或看哪一部电影。

也可以用心里第一个反应去预测事情，当电话响的时候，猜猜看是谁打来的。这些练习可以锻炼直觉的肌肉，帮助你用直觉来决定事情，而不是用理性的思考来寻找答案。

（5）记录自己的直觉或灵感。

写下突如其来的想法，或者有关直觉的具体观察。长期记录它们，有助于辨认直觉与错觉。

直觉开发专家萝珊娜提出一个"三定律"来教人辨认直觉。

"当一个想法出现的时候，让它走。当它再出现的时候，再让它走。假如它第三次再回来，就可以放心地听从这个感觉。"

透过简短的笔记或长期的日记，可以帮助自己了解曾经有过什么样的感动或灵感？长期的记录甚至可以连成一个具体的结果。达·芬奇就是个勤于做笔记的人，他随时写下他所看到的、想到的东西，许多创作就是从这些笔记的一点一滴生发出来的。

6. 不要两次走进同一条死胡同

正如那句谚语所说，"一只狐狸不能被同样的陷阱捉住两次，驴子绝不会在同样的地点摔倒两次，只有傻瓜才会第二次跌进同一个池塘。"

世界上没有一个人能保证自己永远不犯错误。对于社会中的每一个人来说，我们应当牢记的一个法则是：不要犯同样的错误。任何人都难免犯错误，不犯错误的人是没有的，聪明的人能够吸取上一次的教训，为防止下一次挫败做好准备；愚蠢的人并不能这样做，仍然在犯与第一次相同的错误。所谓"吃一堑，长一智"，我们应该从错误中吸取教训，确保下一次不再犯同样的错误，人们不应该两次走进同一条死胡同。

有一次，一个猎人捕获了一只能说90种语言的鸟。

这只鸟说："放了我，我将告诉你三条忠告。"

猎人回答说："先告诉我，我保证会放了你。"

鸟说道："第一条忠告是：做事后不要后悔。"

"第二条忠告是：如果有人告诉你一件事，你自己认为是不正确的就不要相信。"

"第三条忠告是：当你爬不上去时，别费力去爬。"

讲完这三条忠告之后，鸟对猎人说："现在你该放了我吧。"猎人依照刚才所说的将鸟放了。

这只鸟飞起后落在一棵高树上，它向猎人大声叫道："你放了我，你真愚蠢。但你并不知道在我的嘴中有一颗十分珍贵的大珍珠，正是这颗珍珠使我这样聪明。"

这个猎人很想再次捕获这只放飞的鸟，他跑到树跟前并开始爬树。但是当爬到一半的时候，他掉了下来并摔断了双腿。

鸟嘲笑他并向他叫道："傻瓜！我刚才告诉你的忠告你全忘记了。我告诉你一旦做了一件事情就别后悔，而你却后悔放了我。我告诉你如果有人对你讲你认为是不可能的事，就别相信，但你却相信像我这样一只小鸟的嘴中会有一颗很大的珍贵珍珠。我告诉你如果你爬不上某东西时，就别强迫自己去爬，而你却追赶我并试图爬上这棵大树，还掉下去摔断了你的双腿。"

"这句箴言说的就是你：'对聪明人来说，一次教训比蠢人受一百次鞭挞还深刻。'"

说完鸟就飞走了。

这则故事的寓意可谓深刻至极。同样，无论是在生活中还是在工作中，我们经常听到别人的忠告，有时自己也会对别人提出忠告。忠告一般都是从经验教训中总结出来的，目的就是为了避免下一次的错误。因此，我们应该从自己成功与失败的经历中得出经验教训，然后根据实际情况灵活运用，避免犯同样的错误。

　　豪威尔是美国财经界的领袖，曾担任美国商业信托银行董事长，还兼任几家大公司的董事。他受的正规教育很有限，在一个乡下小店当过店员，后来当过美国钢铁公司信用部经理，并一直朝更大的权力地位迈进。

　　豪威尔先生讲述他克服危机的秘诀时说："几年来我一直有个记事本，记录一天中有哪些约会。家人从不指望我周末晚上会在家，因为他们知道，我常把周末晚上留作自我省察，评估我在这一周中的工作表现。晚餐后，我独自一人打开记事本，回顾一周来所有的面谈、讨论及会议过程。我自问：'我当时做错了什么？''有什么是正确的？我还能做些什么来改进自己的工作表现？''我能从这次经验中吸取什么教训？'这种每周检讨有时弄得我很不开心，有时我几乎不敢相信自己的莽撞。当然，年事渐长，这种情况倒是越来越少，我一直保持这种自我分析的习惯，它对我的帮助非常大。"

　　豪威尔的做法值得我们每一个人学习。睿智的人知道，不吸取教训，不改正错误，是成不了大业的。

一般人常因他人的批评而愤怒，有智慧的人却想办法从中学习。诗人惠特曼曾说："你以为只能向喜欢你、仰慕你、赞同你的人学习吗？从反对你的人、批评你的人那儿，不是可以得到更多的教训吗？"

与其等待敌人来攻击我们或我们的工作，倒不如自己动手。我们可以是自己最严苛的批评家。在别人抓到我们的弱点之前，我们应该自己认清并处理这些弱点；及时完善自己虽然不能保证百战百胜，但至少可以避免敌人用同样的手法轻易地击败自己。

7. 给你一个支点，可以撬动地球

要想成功，不仅要增强自身的实力，还要学会将身边的资源通过合适的人脉关系整合到一起，进行优化配置，这才是让自己在人生中更加游刃有余的最佳策略。

对于个人来讲更是如此，在你计划做成某事的时候，没有成本、没有经验、没有技术……都不要紧，如果你认识拥有这些资源的朋友,同时又有高屋建瓴的头脑,那么所有问题都会迎刃而解。

　　小张毕业工作了三年多之后,时常为自己的现状感到苦恼,目前的公司已经没有多大的发展空间,每天几乎都是做着重复性的工作,感到自己的时间有被"贱卖"的危机。然而,拥有较大的家庭经济压力的他,一方面舍不得此处的高薪,另一方面也承担不起换工作或自己创业带来的高风险。无奈的他只能原地踏步。有一次,在他的一个远房亲戚那里,他认识了一个有钱人,这个中年人家里有一定的资产,但是不知道该怎样投资,见过小张几次之后,觉得小张是一个有想法、为人又踏实稳重的人。经常在一起聊天,他慢慢地表示如果小张愿意自己做一项事业的话,他愿意出一定的资金。小张一开始并没有往心里去,但后来他在街头经常排着长队、人头攒动的栗子店、薯片店的前面灵光一闪,找到了商机。于是他找到了一家最有名的连锁小吃店的老板,表达想要加盟的意愿。

　　半年之后,小张的小吃店开了起来,他并没有辞掉工作,那位中年人出资几万元,虽然不多,但是经营一个小成本的买卖已经绰绰有余了。他雇了几个人,把远在外地的岳父请来帮忙看管。一年下来,他也赚了不少钱。也许这并不是一项大事业,距离他的宏图大志还很远,但是通过这个小本创业的经历,他积累了知识和经验,更重要的是,他手里有了更多的积蓄，经济上宽裕了。他安心地跳槽到另一家知名企业，刚开始的时候对方承诺的薪水并不高，但他还是接受了，因为他相信自己的能力，更看好这里更加广阔的发展空间。

从此以后，小张的事业越走越宽了。

生活中有很多这样的事例，这就是我们所常常疑惑的，为什么有的家庭，两个人的工资都不高，他们却可以买得起大房子，过上高品质的生活？因为他们从更多的角度看自己的人生，不纠结于一处，利用手里的资源想办法。他们手里有一点钱的时候，就投给朋友开办的小公司，从而获得了更多的收益，他们运用朋友的关系搞一些"副业"，这说明有灵活的头脑的人，是不会受穷的。

这些还只限于在你的人生刚刚起步的阶段，随着你认识的人越来越多，层次越来越高，也许三人五人在谈笑间就构思了一个好的想法，并可以较快地付诸实践。

有人可能会说，"借"的确是一个"四两拨千斤"的好方法，但自己究竟能"借"什么，又怎样"借"才能有效果，却又是现实中必然会遇到的难题。

"给我一个支点，我可以撬动地球。"这是阿基米德的一句名言，而"借"的关键就是能够找到这个支点所在。

这个"支点"就是"借"的契合点，它是你急需的，却又是对方所独具的。所以"借"绝对不是简单的依赖和等待，而是一场有准备的战斗，是用巧妙的智慧换取财富。从这一点来说，你首先要对自己有充分的了解，你的强项是什么，怎样的"外援"会对你有帮助？接下来在对市场充分了解的基础上，你就可以锁定自己的靠山，然后通过有效的"嫁接"，真正达到"借"的目的。所以"借"是主动的，它是你根据实际需要做出的选择。

有这样几条思路或许可以成为"借"的借力目标：

第一，是借"智力"，或者说是"思路"、"经验"等等，比如，有些投资大师有不少好的经验，这都是他们经过多年的成功与失败获得的制胜法宝，它们显然可以让我们的投资少走许多弯路；

第二是借"人力"，这就是所谓的人气，一个品牌、一处经营场所甚至是一位名人，其周边可能聚集了不少类别分明的人群，如果能把自己生意的目标消费群与之结合起来，其结果可能就是投入不大利润大；

第三是借"潜力"，良好的社会经济发展前景诱惑无疑是巨大的，它也会给我们的投资带来有效的增值空间，像城市的建设规划以及中小城市的发展计划等，都是值得我们关注的焦点；

第四是借"财力"，有些投资者或企业可能会遇到资金捉襟见肘的情况，那么充分利用银行或投资基金的财务杠杆，无疑会让你解决许多"燃眉之急"；

但在这里需要说明的是，"借"与盲目跟风可是有着本质的区别，"借"是一项高技术含量的工作，通过了解、准备、研究、比较和选择等多个步骤才能获得成功，而如果随意地跟风模仿，反而会给你带来不小的风险。有些投资者不考虑周围环境和自身的不同实际，不看实际效果是否有效，不看时机是否成熟，不看条件是否具备，生搬硬套，盲目地跟着别人走，这显然是与"借"的本意相违背的。

我们可以把握住这样几点：

首先，自身是不是适合是关键，并不是所有的产品都能产生这样的效果，比如，在一个奥运营销中，如果不能将对奥运的热情转移给产品，那么带来的结果就是让奥运营销成了"空中楼阁"；

其次，一个好的"借"的对象也要区别对待，比如，同样是城市建设规划，不同区域产生的效果都是不一样的，这就需要投资者运用各种信息进行研究分析比较，最终"借"上真正有潜力的规划；

另外，即使找到了正确的方向，"借"的过程也要讲究技术，比如，你"借"上了大店铺的客源，就可以考虑将经营时间与大店铺错开，以避其锋芒、捡其遗漏；

最后，"借"同样也可能会遭遇到不可预见的风险，对此我们必须多加留意。

第九章

没有淡季的市场，只有淡季的心态

正所谓人生没有四季，只有两季，你
努力付出获得的，肯定是旺季，相反如果
你安于现状，不思进取，永远也都是淡季。

1. 走出抱怨，勇敢地面对现实

人生不如意事十有八九，生活中少一些抱怨，少一些不满，将我们的怨气，将我们的不满化作我们的斗志，去争取成功，这样我们就能走出抱怨。一个没有抱怨的世界，才能让生活充满希望，才能让自己走向幸福！幸福只是一种心态，重要的是我们远离抱怨，远离悲观，将不满化作动力，相信很快我们就可以走出抱怨，走向幸福！

在现实生活中，我们常常听到人们抱怨工作不顺利，并对自己的生活状况不满。实际上，很多时候这是由于我们没有清楚地衡量自己的能力、兴趣、经验，给自己设下太多的障碍，而这些障碍是很难逾越的。当我们面对这些障碍的时候，就难免对现实产生抱怨了。

有两个漂泊在大海上的人，都想找一块适合生存的地方。有一天，他们发现了一座无人的荒岛，岛上的虫蛇非常多，时时处处都潜伏着危机，生活环境十分恶劣。

其中一个人说："我决定就在这里定居了。这个地方尽管现在不太好，但将来一定会是个好地方。"而另一个人对这个地方十分不满："这算什么生活的地方啊，到处都是虫蛇，危险重重，还得进行建设，环境太恶劣了！我不在这种鬼地方生活！"于是他继续漂泊。他很快找到了一座鲜花烂漫的小岛，岛上已有很多人家，这些人家是18世纪海盗的后裔，经过了几代人的努力将小岛建成了一座美丽的大花园。他于是在这里做小工，很快也就富裕了起来，生活过得还算可以。

很多年过去了，机缘巧合，在一次旅行中他路过了那座他曾经放弃的荒岛，他决定去拜访一下当年的朋友。但是，岛上的一切让他怀疑走错了地方：漂亮的屋舍，广阔的田畴，健壮的青年，活泼的孩子……

朋友因劳累过早衰老了，但是精神却很好。特别是说起变荒岛为乐园的经历时，更是津津乐道。最后，朋友指着整座岛自豪地说："这一切，是我用双手创造的，这是我的小岛。"曾错过这个小岛的人，一时无语。但并没有一丝悔意，还抱怨说："为什么上天这么照顾你，当时我如果留在这座岛上，也许会比现在还要好。"

生活中，有的人少了抱怨，多了些许的奋斗，于是，他的生活变得充满希望和幸福；但是，有的人缺少艰苦奋斗和拼搏的精神，终日在抱怨中生活，抱怨现实，不满上天，他的生活一团糟糕。有的喜欢把不满挂在嘴边，时时刻刻怀着不满的心看现实，他们从来不会问自己付出过什么。抱怨是他们发泄不满的一种方式，是一种很消极的处世态度，与其抱怨，不如勇敢地面对现实，用自己的双手创造出属于自己的美丽小岛！

曾经，有个著名的寺院，寺院里有一个脾气古怪的住持，这个住持在寺院定了一个非常特别的规矩：每年到年底的时候，每位和尚都要面对住持说两个字。

有一个人到寺院出家了，很快一年过去了，年底的时候，住持问：你心里最想说的是什么？新和尚回答："床硬！"第二年，住持又问了那个和尚心里最想说什么，那个和尚说："食劣！"第三年年底的时候，还没等住持问的时候，那个和尚说："告辞！"住持望着和尚远去的背影自言自语道："心中有魔，难成正果！惜哉！惜哉！"

这个和尚对待世事都持着一种不满的心态，所以不能安于现状，不断地抱怨。但是，他的抱怨，也让他无法修成正果。何必不满，何必抱怨，"牢骚太盛防断肠，风物长宜放眼量"。现实就是，我们首先要坦然面对，如果只会发牢骚，那么，我们将在牢骚中错过人生正点的班车，还会在抱怨中错过了下一次坐正点班车的机会。当我们对现实不满的时候，牢骚满腹的时候，不妨转换一下心情，让乐观主宰自己，远离自己的心魔，相信成功离你不远了！

生活也是这样，不管做什么事，只要我们远离抱怨，将我们的抱怨, 化作我们前进的动力。这个世上就没有过不去的火焰山。风雨过后, 才会见到彩虹, 我们只有走出抱怨, 才能体会到生活的幸福。

泰戈尔说: "如果错过了太阳时你流了泪, 那么你也要错过群星了; 如果稍有不顺, 你就让不满左右自己的情绪, 那么你失去的将会更多!"一个让自己快乐地工作的人, 一定能将工作做好, 这也是幸福的前提。在我们抱怨的时候, 何不学着把看事情的角度稍稍修正, 将自己从心魔中解脱出来, 站在另一个角落看自己。要懂得缩小自己, 才能看见自己的缺点。任何抱怨都是无济于事的, 勇敢地面对现实吧, 用自己的斗志和勇气去征服现实! 走出抱怨, 才能让我们走向幸福。

2. 懂得放弃才能有所收获

每个人都有过很多梦想, 但不是每个梦想都能够实现, 如果你总是怀着过高的奢望, 那么你的生活就会变得灰暗。在一个人的人生旅途中要有所获得, 你就必须学会选择, 懂得放弃。几十年的人生旅途, 会有山山水水, 风风雨雨, 有所得也会有所失，只有学会了放弃，你才拥有了一份成熟，才会活得更加充实、坦然和轻松。

齐浩曾在一家公司工作，后来那家公司倒闭了，他就失了业，只好重新去找工作。可是，找了半年，他依然在家里待业，苦闷极了。

父亲问他："这半年里，难道就没有一家公司愿意录用你？"

齐浩说："有，可是工资太低了，月薪大多只有一两千元。"

父亲说："一两千就一两千吧，先干起来再说。"

齐浩说："那怎么行？我在原来的那家公司月薪是5000元，我一定要找一份月薪5000元的工作。"

父亲没有说什么。过了一会儿，父亲又对齐浩说："既然现在没事可做，那你今天就跟我去卖一天菜吧。"

齐浩和父亲卖的是菜花。在市场上一摆开，就有一个中年妇女来问："这菜花怎么卖？"

父亲说："一块钱一斤。"

中年妇女说："人家的菜花最多九毛钱一斤，你怎么要一块钱一斤？"

父亲说："我的菜花是全市场最好的。"

中年妇女撇撇嘴，连价都不还就走了。

他们的菜花确实是全市场最好的，卖一块钱一斤合情合理。可是一连几个人来问过价后，都不买。齐浩有点儿着急了，就对父亲说："要不，咱们也卖九毛钱一斤吧?"

父亲说："急什么? 我们的菜花这么好，还怕没人买?"

说话间，又有一个人来问价了。父亲依然说一块钱一斤。这人实在喜欢他们的菜花，就是嫌太贵了，他软磨硬泡，一定要父亲减一点儿，可父亲就是不松口。那人咬咬牙说："减五分，九毛五一斤，我全要了。"

父亲说："少一分不卖。"那人只好叹了口气，走了。

时间不早了，买菜的人越来越少，菜价开始往下跌。

旁人的菜花大部分都卖完了，剩下没卖的已经降到了六毛钱一斤，他们再叫一块钱一斤就被人笑话了，只好降到七毛钱一斤。还是没有人买，齐浩说："我们干脆也卖六毛钱一斤算了。"

父亲说："不行，我们的菜花是最好的。"

中午过后，菜价跌得更厉害。菜花不能隔夜卖，接下来价格跌得更惨，六毛、五毛、四毛……黄昏的时候，有人干脆论堆卖。两块钱一堆。他们的菜花经过一天日晒，早已毫无优势了。天快黑时，一个老头用一块五毛钱买走了他们的一大堆菜花。

回家的路上，齐浩埋怨父亲说："早上人家给价九毛五你为什么不卖?"

父亲笑笑说："是呀，那时候出手该有多好，可早上总以为自己的菜花值一块钱一斤，就像你现在总以为自己月薪必须

5000元一样。"

第二天，齐浩就到一家公司去上班了，月薪1500元。

学会选择就是审时度势、扬长避短、把握时机；懂得放弃就是卸下人生的种种包袱、轻装上阵，等待生活的转机。选择和放弃是人生的一种智慧，是一种处世的态度。一个人能否成功，固然要靠天才，要靠努力，但学会选择和放弃，及时把握时机，有尝试的勇气，有实践的决心，也是非常重要的。

执着是睿智的追求，而固执则是病态的死撑。有些事，明知道是错的，也要去坚持，因为不甘心放弃。这时候的执着就是固执，它成了是一种负担，而放弃就是一种解脱。每个人都有固执的时候，这绝不是危言耸听，只是大部分人没有达到较深的病态状况。幸福没有满分，勇于放弃才能有所收获，否则只是苦了自己。

3. 随遇而安,顺其自然

"随遇而安,顺其自然",现代人好像非常爱说这句话,并将其奉为做人的圭臬。生活中,许多时候我们越是强求某人某物,越是得不到,反而会与之离得更远。那么此时,我们就应凡事随缘,不去刻意强求。

"随缘"中的"随"不是跟随,而是顺其自然,把握机缘,不怨恨,不急躁,不强求,不过分;随是一种达观,是一种洒脱。缘是什么?世间万事万物皆有相遇、相随、相乐的可能性;有可能即有缘,无可能即无缘。"随缘"不是因循苟且地随便行事,而是随顺当前的环境因缘,从善如流。会做人者通情达理、能圆融做事,这样才能够达到事理相融。

刚到秋天,寺庙院子里的草地枯黄了一大片,很是难看。

这时一个小和尚看不下去了,就对师父说:"师父,快撒一点种子吧!"

师父说:"不着急,随时。"

种子到手了,小和尚就去种,不料一阵风吹过来,把撒下去的种子吹走了不少。小和尚着急地对师父说："师父，很多种子都被风吹走了！"

师父说："没关系，被风吹走的大多都是空的，撒下去也发不了芽，随性。"

种子种下后，有几只小鸟飞来在土里刨食，小和尚赶紧赶走小鸟，并向师父报告："师父，种子被鸟吃了！"

师父说："急什么，留在土里的还多着呢，随遇。"

第二天，下了一场大雨，小和尚哭泣着告诉师父："师父，这下都完了，种子被雨水冲走了！"

师父回答："冲走就冲走了吧，冲到哪里都是发芽，随缘。"

一个多星期过去了，昔日光秃秃的土地上长满了新芽，小和尚高兴地告诉师父："师父，你快来看呐，都长出来了！"

师父依然平静如昔："应该是这样吧，随喜。"

上例中的禅师懂得凡事随缘，不去刻意强求，反倒因此别有一番收获。佛家的精髓是顺应自然，虫子吃了菜，就让它吃去吧，它吃饱了自然就不会再来了。

随缘是一种进取，是智者的行为。

当我们遇上难越的坎儿、难过的关，与其百般思量，不如顺其自然，反倒能够柳暗花明。无论缘分有多深多浅，多长多短，得到即是一种福分。人生苦短，缘来不易，我们都应该好好珍惜，并洒脱地对待生命的每一个人，每一段缘。

随缘，是一种洒脱，是一种成熟，是对现实正确、清醒的认识,是对人生彻悟之后的精神解脱。拥有一份随缘之心,你就会发现,岁月天空无论是阴云密布,还是阳光灿烂,人生之旅无论是曲折多艰还是顺利畅达,心中总是会拥有一份平静和恬淡。

4. 别走太快,记得看看一路的风景

日休禅师曾经说:"人生只有三天,活在昨天的人迷惑,活在明天的人等待,只有活在今天最踏实。今天,你别走得太快,否则,将会错过一路的好风景!"

在海边一个小渔村的码头上,一个富人发现一个渔夫的小船上有好几条贵重的大黄鳍金枪鱼,富人对这个渔夫能抓这么高档的鱼恭维了一番,并且问要多少时间才能抓这么多?渔夫说,不一会儿工夫就抓到了。富人再问:"那你为什么不再多抓一会儿,这样你就能卖更多的钱了吗?"

渔夫觉得很不以为然:"这些鱼已经足够我一家人生活所需啦!"

努力就是旺季
不努力就是淡季

富人又问："那么你一天剩下来的时间都在干什么，不是会很无聊？"

渔夫很惊讶："不会啊，我呀，每天都会睡到自然醒，然后出海抓几条鱼，回来就跟孩子们玩耍，中午就跟老婆睡个午觉，到了晚上就到村子里喝点小酒，跟朋友们玩玩吉他、唱唱歌、跳跳舞，怎么会无聊呢，我的日子可过得充实又忙碌呢！"

这时，富人却不以为然，并给这个渔夫出了一个主意说："我是美国哈佛商学院的MBA，我想我可以帮你的忙！你每天应该多花一些时间去抓鱼，你就会有更多的收入了，而到时候你就会有足够的钱去买条大一点的船，这样你自然就可以抓更多鱼，然后再买更多渔船。到最后你肯定能拥有一支渔船队。到那时候你就不必把鱼卖给鱼贩子了，而是直接卖给加工厂，这样你就能挣更多的钱去开一家罐头工厂。并且你还可以到芝加哥城，或者洛杉矶，甚至到纽约，在那里扩充企业。"

渔夫笑了笑问："这要花多少时间呢？"

富人回答："十五到二十年。"

"然后呢？"

富人大笑着说："然后你就可以在家享福啦！只要你愿意，你就可以宣布股票上市，把你的公司股份卖给投资大众。那时候你就富有啦！你的账户将会上亿上亿地进账！"

"然后呢？"

第九章
没有淡季的市场,只有淡季的心态

富人说:"到那个时候你就可以搬到海边的小渔村来享受生活啦。每天睡到自然醒,出海随便抓几条鱼,跟孩子们玩一玩,再跟老婆睡个午觉,黄昏时,晃到村子里喝点小酒,跟朋友们玩玩吉他咯!"

渔夫笑着说:"干吗这样费劲儿呢,我现在不就是这样子吗?"

按照那个富人的规划,渔夫最后一定会赚得盆满钵满,但是鱼和熊掌不能兼得,渔夫在追求钱财这些身外之物的同时一定会丧失心灵享乐的时间。因为人生好比是一匹奔腾的马,如果被拴上了车套,在功名利禄的诱惑下,它只顾一味卖力奔跑,哪还会有时间停下来欣赏路边的野花野草?

林语堂在工作的时候,是十分严肃的。他有一间书室,在写作的时候,就把门关着,谁也不能打扰。有时因为创作的需要,更是争分夺秒,一连十几个小时都不出来。

但是,他在工作之余,也将一些时间投入到旅行、逛旧书市场、钓鱼、养花等娱乐活动中。他非常推崇清朝诗人张潮所说:"花不可以无蝶,山不可以无泉,石不可以无苔,水不可以无藻,乔木不可以无藤萝,人不可以无癖。"

林语堂常说:"一个人不会放松是可悲的,一个人不舍得放松,也是可悲的。"

努力就是旺季
不努力就是淡季

　　无疑，我们要抓紧一切时间，用来积累将来成功的资本。对普通人来说，时间是个常数，一天就是一天；但是，对勤奋者说来，时间却是个变数——用"分钟"来计算时间的人，比用"小时"来计算时间的人，时间多五十九倍。

　　我们的生命就是用时间组织起来的材料。珍惜时间就是珍惜生命，就是对未来的成功负责。然而，将所有的时间毫无保留地倾注到学习和事业中去，就是对成就价值最好的诠释吗？

　　凡事过犹不及。从画蛇添足的笑话到北宋初期过分追求雕润密丽、音韵铿锵的辞文没落，从清朝后期的"畏夷如虎"到"文革"时候的"十年之内，赶英超美"，所有遗憾都在昭示着同一个真理——"过犹不及"。

　　对待时间也同样如此。不将时间当作资源，随意挥洒玩弄的人，迟早要体会到"老大徒伤悲"的沉痛惩罚；对时间过分吝啬，天天拖着疲累的身体追赶时间的人，也将陷入"树欲静而风不止"的恶性循环，最终降低他本来应该达到的成功高度。

　　其实，一个人终身都在耗费多少时间与能够取得多大成功之间博弈。

　　过于苛责时间，甚至休息都成为一种奢侈，会过度地耗损生命的精力，巴尔扎克的遗憾正昭示了这个真理——如果他能再活二十年，我们将重新定位这位法国文学家的伟大；过分放纵时间，让它流水般从指尖、发梢溜走，即便天才如方仲永，也注定白首无为——如果他能有效利用时间，也许在他二十岁的时候，即可直追初唐王勃。

由此可见，并不是一味地用努力将时间填满就能取得更大的成功。我们要适当地、有效地休息，培养自己的一门爱好，掌握并调整自己的身心状态，争取用最少的时间，做出最成功的业绩。

其一，放松要有效。

我们将时间用在娱乐中、爱好上，最根本的目的是为了更有效率地利用时间。在高考前一周，学校一般都会放假，老师也会建议学生在这一周内以放松为主，调整状态比不分昼夜地用功重要。

归根结底，决定考生命运的是高考考场中的几个小时时间，其余的时间即使再刻苦、成绩再好也没有用。所以，为了要利用好考场内的时间，就必须进行一些必要的休整。我们平时花大量的时间做练习，就是在做准备，同样，考前花一些时间调整自己的状态，也是在准备。

把平时做练习的时间用来娱乐放松，是一种浪费；把考前娱乐放松的时间用来争分夺秒地做练习，也是一种浪费。因为它们都与最终的目标背道而驰，所以就是在虚度光阴。

在工作中也是如此，该放松的时候就要放松。把全部精力都花在事业上，不见得就能成功，把握好关键性的时间段，效果可能更显著。

这就要求我们要学会放松，并且要有效地放松。必要的休闲和放松是为了更好地有效利用，所以要以有效为放松的界尺，能用一个小时就达到有效的目的，就不要花一天的时间，这也是珍惜时间的一个注脚。

其二，放松要适当。

《三国演义》中刘备江东招亲，周瑜为了消灭刘备在竞争天下的潜在威胁，采用的办法就是"糖衣炮弹"。他给刘备安排了最舒服的环境，最好的酒宴，最丰富的奇珍古玩，而戎马大半生的刘备果然彻底地放松下来，在声色犬马中忘记了国家大业。

玩物者，必丧志。这是一个亘古不变的道理。放松的根本目的是为了取得更大的成功，也可以看作是为将来成功打基础的一个步骤，如果让娱乐妨碍到进取，那就又陷入了本末倒置的泥沼。

培养一门爱好是放松的手段，但是如果将爱好变成嗜好，耽误了正常的工作和学习，就得不偿失了；疲惫的时候，休息与娱乐是放松的一个手段，但是如果睡到头昏脑涨，玩到昏天黑地，就得不偿失了。

我们一定要把握放松的"度"，心中要存在一个大方向。任何形式的放松都仅仅是进取成功的一个辅助手段，而不是主要途径。所以在娱乐休息的时候一定要有时间观念，不能让其影响到我们的奋斗目标。

5. 没有绝望的处境，只有对处境绝望的人

生活是一种态度。每一个人都会有共同的经历，每一个人都会经历挫折和不幸，每一个人也都有获得幸福的机会。生活是现实的，不以你的意志为转移，你可以活得很积极，也可以很悲观。同样是生活，有人整天愁眉不展，唉声叹气，有人却过得精彩无限，有滋有味。你可以决定自己的命运，只要你肯审视自己的态度。培根曾说过："人若云：我不知，我不能，此事难。当答之曰：学，为，试。"

"世间本来没有路，走的人多了就成了路"，想一想，连路都可以硬走出来，那么面对人为的环境和处境，我们有什么理由绝望呢！

很多时候我们绝望与否，重要的不是处于顺境或逆境，而是取决于对待顺境或逆境的态度和方法。有的人无论顺境、逆境都能进步，而有的人却是任何时候都在堕落。

其实，世上是有绝望的处境的，问题在于你的看法如何。如果你冷静下来想办法，尝试走另一条路的话，你的成功概率可能会有百分之九十的。如果你急躁不安，绝望了，不敢去面

对和挑战，那你的成功概率只有百分之十。所以，这世上只有对处境绝望的人，而没有绝望的处境。

成功从来只会青睐勇敢的智者，不喜欢亲近那些遇到点点困难就绝望而退缩的胆小鬼。在人生的道路上，没有一个人是没有遇到过困难与挫折的，简单来说，没有困难的人生不是完整的人生。因此，我们不如用微笑来挑战困难吧！

总而言之，这个世界上，没有爬不上的山，没有过不了的河，再大的困难总有解决的方法。用冷静和乐观的心来面对困难，总能找到一个让你坚持不懈的理由。每一个人的命运都没有绝望的处境，只要你勇敢去面对、挑战它，成功往往就在绝境的拐弯处。

我们每个人都随身携带一种看不见的法宝"积极心态"，而它的另一面写着"消极心态"。一个积极心态的人并不否认消极因素的存在，他只是学会了不让自己沉溺其中。一个积极心态者常能心存光明远景，即使身陷困境，也能以愉悦和创造的态度走出困境，迎向光明。在人的本性中，有一种倾向：我们把自己想象成什么样子，就真的会成为什么样子。

有这样一个很有意思的故事：

一个老婆婆依靠两个儿子的苦力维持生计，大儿子晒盐、二儿子卖伞。若大儿子能晒更多的盐，二儿子就不能卖更多的伞；雨天二儿子生意好了，大儿子就不能晒盐！老婆婆整天为

第九章
没有淡季的市场，只有淡季的心态

两个儿子不能同时赚钱而烦恼。有人建议老婆婆换个角度看待问题：晴天，大儿子能晒更多的盐；雨天，二儿子可以卖更多的伞。这样一来，老婆婆果然心情好多了，不再为两个儿子的营生闲操心了。

任何事物都有两个不同方面，处理问题只看重一面而忽视另一面，都会得出与事实相悖的结论。如果思维沉溺在事物不好的一面，既无益于问题的解决，也影响情绪，甚至可以导致思想消沉、远离多彩的生活，成为怨天尤人、抱怨社会的边缘人。

就业艰难、住房紧张、股份跌停……许多事情我们无法改变，好心情也要被这些无法改变的事情一扫而空吗？别人可以偷走你的金钱，可以破坏你的地位，可以践踏你的尊严，但永远扼杀不了你那颗积极乐观的心，活就要活得精彩！

在我们碰到棘手的问题时，必须先静下来、勿冲动行事。既然木已成舟。请以美好的姿态去面对一切。当你不能立竿见影地解决问题时，请试着改变你面对问题的心情。

我们常常以为是一件事情引发了我们的某种情绪，但美国心理学家埃利斯认为，是我们内心的想法或者说心态决定了我们的情绪。

所以，不要把你的一切情绪都归于现在的事件、现在的人、现在的关系。表面上是这些因素决定了你的爱恨情仇以及种种情绪，事实上，导致你负面情绪的罪魁祸首是你内心对事情的想法和观点，而这是完全可以用积极的心态去改变的。从这个意义上说，我们完全有能力左右自己的心情。

如果你因为失败而灰心丧气，其实那是成功女神对你毅力的一次考验；总结经验和教训，重拾勇气和自信也一定会垫起你未来成功的高度。郁闷的心情只会让你更加失败，而坦然的心情则能让你接近成功。

如果你因为失去而黯然神伤，那是因为你一直习惯拥有、害怕失去，拥有的越多就会越快乐，而失去就会痛苦不堪。的确，失去会带来疼痛，但更多的时候，正是因为失去，才让你得到更多。而有所得必有所失，同样有所失也必有所得，所谓："失之东隅，收之桑榆"。人生本无所谓得失，你心情的好与坏，全在于你自己内心的想法。

如果你因为过去的灾难而痛苦万分，这本无可厚非，问题在于即便你痛苦到老，昨天的事情也无法改变。事情既然已经过去，就让痛苦的心情也一起随同事情埋葬在过去吧。不要浪费过多的时间和心情在过去那些令你郁闷的事情上，因为生活还要继续！

如果你因为遭遇不公而郁闷，你不得不承认生活本身就存在着不公平。有人说："人生如打牌，而不似下棋。"下棋是公平的，棋子一样多，棋盘共同用，条件相同，起跑线一致，机会均等，就看谁的棋艺高。而打牌是不公平的，除了抓牌的数量一样，牌的好坏却有着千差万别。人生也是这样，我们不能控制自己的牌好还是坏，但是我们可以控制自己打牌时的心

情。好心情会让你的牌技发挥得更好,结果也许是你拿了一手
烂牌却赢了这一局!

6. 在低谷的寂寞中成长,你会变得更强大

人生在世,不如意事常八九,身处逆境倒也寻常。但这些
不如意的事如果都一股脑儿砸在一个人的头上,便是到了人生
的低谷,对于懦弱之辈来说就是万劫不复了。而对于意志坚强
者,倒不失为一种锻炼,甚至是一种享受。

跌落在低谷的泥沼中,原本就遍体鳞伤,原本就伤心欲
绝,原本就不知所措,总需要一段时间用来检讨,用来思考,
用来仰首观察能走出低谷的路。只是,每迈一步,都是那么疲
惫,那么艰辛,那么痛苦,那么险恶万分。

于是,意志薄弱者,做了一番无谓的挣扎后,颓废了,绝
望了,索性坐下,木然地承受着灭顶的痛感。

而心存侥幸者,却是异样的气定神闲,他只是等待,也只
会等待,心中默念着对上帝的希冀,幻想着救命的绳索从天而

降，或是有一架牢固的登云梯突现眼前。然后哼着小调，优哉游哉地登上峰顶。然而，恐怕望干了双眼等白了头，这种际遇也不会出现。

只有意志坚定者，在痛定思痛之后，幡然觉醒。一边在泥潭中奋力跋涉，一边躲闪不时袭来的暗箭和石块。审视着四周的悬崖峭壁，思索着攀登的方法，而后便是尝试。哪怕是一棵小草，一段枯枝，哪怕是峭壁上的一个凸起，也是攀登的路，也是希望所在。

你是上述三种人中的哪种呢？

约翰的父亲曾经是个拳击冠军，如今年老力衰，病卧在床。有一天，父亲的精神状态不错，对他说了某次赛事的经过。

在一次拳击冠军对抗赛中，他遇到了一位人高马大的对手。因为他的个子相当矮小，一直无法反击，反而被对方击倒，连牙也被打出血了。

休息时，教练鼓励他说："别怕，你一定能挺到第12局！"

听了教练的鼓励，他也说："我不怕，我应付得过去！"

于是，在场上他跌倒了又爬起来，爬起来后又被打倒，虽然一直没有反攻的机会，但他却咬紧牙关支持到第12局。

第12局眼看要结束了，对方打得手都发颤了，他发现这是最好的反攻时机。于是，他倾尽全力给了对手一个反击，只见对手应声倒下，而他则挺过来了。他获得了拳击生涯中的第一枚金牌。

第九章
没有淡季的市场，只有淡季的心态

说话间，父亲额上全是汗珠，他紧握着约翰的手，吃力地笑着说："不要紧，才一点点痛，我应付得了。"

看着父亲，约翰也想起自己经历过的那段苦日子。当时碰上了经济大危机，他和妻子先后都失业了。但是为了生活，他们夫妻俩每天仍努力地找工作。晚上回来时，虽然总是望着彼此摇头，但是他们从不气馁，而是相互鼓励说："放心，我们一定能应付过去。"

如今，一切都过去了，约翰一家人又回到了宁静、幸福的生活中。

而每当晚餐时，约翰总会想到父亲说的那段话，因此他想要将这段话传播开去。他要告诉孩子们与朋友们，甚至是他遇到的每一个生活艰苦的人：在困境中要告诉自己"我一定能应付过去"。

在人生的海洋中航行，不会永远都一帆风顺，难免会遇到狂风暴雨的袭击。在巨浪滔天的困境中，我们更要坚定信念，随时赋予自己生活的支持力，告诉自己"我一定能应付过去"。

当我们有了这份坚定的信念，困难便会在不知不觉中慢慢远离，生活自然会回到风和日丽的宁静与幸福之中。唯有相信自己能克服一切困难的人，才能激发勇气，迎战人生的各种磨难，最后成就一番大业。

人生本来就是要经历一个起起伏伏的过程，身处低谷，并不可怕。当遭遇低谷时，不要为这种处境感到惶恐，更不要沮丧、消沉。无论身处怎样的低谷都不应绝望，要相信未来，看到希望。溪流遭遇悬崖，纵身一跃而成就瀑布的壮美；枯枝面对霜雪，傲然挺立而能拥抱姹紫嫣红的春天。更何况，人处低谷看到的都是上山的路，低谷是人生的一道风景，也是一笔财富，更是一次难得的锻炼机会，人生因此而精彩。

正如孟子所云："天将降大任于斯人也，必先苦其心志，劳其筋骨，饿其体肤，空乏其身。"只要在逆境中保持乐观的精神、竞争的雄心，不断地向上爬，就能看到无限风光在险峰。要记住，人处低谷，那是"置之死地而后生"的人生潜力的发掘。在低谷的寂寞中成长，你会变得更强大。